种子露白状

立枯病症状

苗期早疫病症状

早疫病症状

大面积疫病发生状

果实疫病症状

疫病茎部症状

湿度大时茎部疫病症状

青枯病初期症状

花叶病毒病症状

病毒病果实症状

病毒病为害状

黄化型病毒病症状

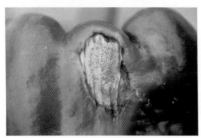

黑色炭疽病症状

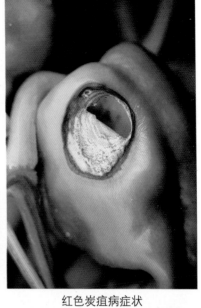

红色炭疽病症状

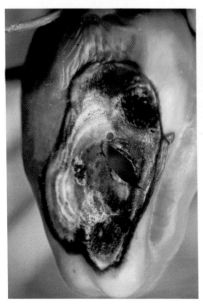

黑点炭疽病症状

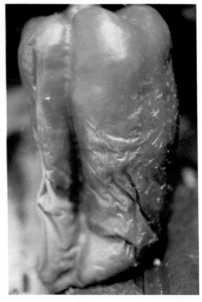

软腐病症状

枯萎病根部症状

枯萎病前期症状　　　　　　　灰霉病症状

日灼病症状

小地老虎为害状

烟青虫为害状

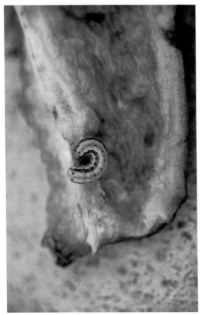

烟青虫及其为害状

斜纹夜蛾为害果实状

斜纹夜蛾为害叶片状

斜纹夜蛾幼虫

蝼蛄

螨类为害状

螨类为害叶片状

蓟马为害状

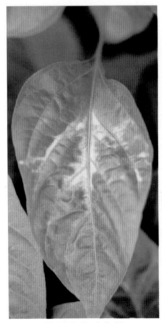

蓟马为害叶片状

蓟马为害花状

农家摇钱树·蔬菜

辣椒
节本高效栽培

◎主编／黄 贞 常绍东

广东省出版集团
广东科技出版社
·广 州·

图书在版编目（CIP）数据

辣椒节本高效栽培 / 黄贞，常绍东主编 . —广州：广东科技出版社，2013.1（2017.4重印）

（农家摇钱树 . 蔬菜）

ISBN 978-7-5359-5704-7

Ⅰ . ①辣… Ⅱ . ①黄…②常… Ⅲ . ①辣椒—蔬菜园艺 Ⅳ . ① S641.3

中国版本图书馆 CIP 数据核字（2012）第 094488 号

Lajiao Jieben Gaoxiao Zaipei

责任编辑：罗孝政
装帧设计：柳国雄
责任校对：陈素华
责任技编：吴华莲
出版发行：广东科技出版社
　　　　　（广州市环市东路水荫路 11 号　邮政编码：510075）
http://www.gdstp.com.cn
E-mail：gdkjyxb@gdstp.com.cn（营销中心）
E-mail：gdkjzbb@gdstp.com.cn（总编办）
经　　销：广东新华发行集团股份有限公司
印　　刷：佛山市浩文彩色印刷有限公司
　　　　　（佛山市南海区狮山科技工业园 A 区　邮政编码：528225）
规　　格：889mm×1 194mm　1/32　印张 2.75　插页 4　字数 80 千
版　　次：2013 年 1 月第 1 版
　　　　　2017 年 4 月第 3 次印刷
定　　价：10.00 元

主　编：黄　贞　常绍东

编写单位：广州市农业科学研究院

黄贞，广东化州人，高级农艺师，1996 年毕业于仲恺农业技术学院农学系，主要从事辣椒育种及栽培研究工作，有丰富的选育种和栽培管理经验，育成品种"辣优 2 号""辣优 4 号""辣优 8 号""辣优 9 号""辣优 15 号"等，获广东省农业技术推广二等奖 1 项、广州市科学技术三等奖 1 项，通过成果鉴定 2 项、国家或省品种审定的品种 4 个，撰写著作 3 部，在省市以上专业期刊上发表文章多篇。

常绍东，江苏丰县人，1992 年毕业于华南农业大学园艺系，现任广州市农业科学研究院副院长、研究员，从事辣椒育种和科研成果转化工作。主持和主要参加完成广东省、广州市重点科技攻关项目 6 项，参加完成国家星火计划项目 3 项。主持和参加育成通过国家或省审定辣椒品种 5 个。作为主要完成人，获省市科技奖、推广奖 10 项，撰写著作 3 部。

内容简介
Neirongjianjie

　　怎样降低生产成本，提高产量，增加效益，是每个生产者努力追求的目标。《农家摇钱树·蔬菜》系列，给广大生产者带来了希望，全套图书文字简洁，图片丰富，关键技术可操作性强，能让生产者快速掌握，从而达到产量丰收、效益提高的目的。

　　《辣椒节本高效栽培》作为其中一册，针对我国辣椒生产现状，简要介绍了生产中抗性品种的选择、露地栽培技术、地膜覆盖栽培技术、塑料大棚栽培技术、辣椒间套种技术、越冬栽培技术及病虫害防治技术。全书突出了关键技术内容，选配了丰富的图片，具有非常强的实用性和可操作性，适合广大蔬菜生产者学习应用，也可供基层农技人员和农业院校相关专业师生阅读参考。

目 录
Mulu

一、辣椒优质高抗品种的选择

辣椒的市场很大，目前全国的辣椒种植面积有 120 多万公顷。广东省是全国辣椒种植大省之一，因为广东所处的地理位置特殊，冬季温度比较高，一年四季均可种植。尤其是粤西的湛江和茂名地区及海南省，被农业部列为南菜北运基地，辣椒种植面积达 13.3 万公顷，其他季节在其他地区栽培的辣椒也有 7 万 ~8 万公顷，广东每年的辣椒种植面积总共达到 20 万公顷，占全国辣椒种植面积的 10% 左右。

广东地区在 20 世纪 80 年代就开始种植辣椒，辣椒是最早的北运蔬菜。由于复种指数很高，病害积累多，发病越来越严重，甜椒等不抗病的品种逐步退出市场，目前生产上以青皮尖椒、线椒、朝天椒等为主。

1. 辣优 4 号

广州市农业科学研究院育成的一代杂种。早中熟，高抗病，丰产，适应性强。果为牛角形，长 17~20 厘米，果肩宽 3.3 厘米，果皮光滑，绿色，肉厚 0.3 厘米，单果重 35~40 克。播种至初收春植 110~120 天，秋植 90~100 天。味辣。亩产 2 300~3 500 千克（亩为已废除单位，1 亩 =1/15 公顷 ≈ 666.67 米^2），适于保护地栽培和露地栽培。

2. 辣优 15 号

广州市农业科学研究院育成的一代杂种。早中熟，植株生长势强，叶色深绿色，果绿色长羊角椒，长 21 厘米，肩宽 3.6 厘米 × 2.5 厘米，肉厚 0.4 厘米，果面光滑，单果重 56~85 克。味甜辣而香，口感好，肉质厚，外表皮蜡质层薄，不同时期有不同的风味，嫩果辣味少，肉质幼嫩软滑，辣椒香味浓，青老熟果味辣而香，肉质爽甜。果结实，耐贮运，连续结果性好。亩产 3 000~4 000 千克，高抗疫病、青枯病和病毒病，抗逆性强。适宜全国各地露地种植。

3. 汇丰 2 号

广东省农业科学院蔬菜研究所育成的一代杂种。极早熟，开花早，坐果早、集中，前期产量高。果实青绿色，果长 20~22 厘米，果径 3.5 厘米，果肉厚 0.35 厘米，单果重 50 克。有光泽，辣味浓，耐运输，外观品质好，抗性强。适宜华南地区秋、冬、春季露地栽培。

4. 东方神剑

广州市绿霸种苗有限公司育成的一代杂种。植株生长势强，果实羊角形，青果绿色，熟果大红色。果面平滑，无棱沟，有光泽。果长 14.5~17.4 厘米，横径 2.36~2.89 厘米，肉厚 0.28~0.81 厘米，单果重 31.2~44.8 克。微辣，中抗青枯病，感疫病，抗病毒病和炭疽病，耐热性和耐旱性强。适宜华南地区春、秋季种植。

5. 粤红 1 号

广东省农业科学院蔬菜研究所育成的一代杂种。早中熟，坐果力强。果实羊角形，果长 16~17 厘米，宽 2 厘米，果肉厚 0.3 厘米，单果重 25 克，味辛辣。青果绿色，红果鲜艳有光泽，果表平直、美观，质优。空腔小，硬度好，耐贮运。耐高温，抗青枯病、疫病、病毒病能力强，产量高。

6. 广椒 2 号

广东省农科集团良种苗木中心育成的一代杂种。迟熟，植株生长势强。果实羊角形，绿色，光滑，有光泽。果中等大，果长 13~16 厘米，宽 1.9~2.25 厘米，肉厚 0.20~0.28 厘米，单果重 15~25 克。味微辣，田间表现抗疫病、青枯病和病毒病能力强，耐寒性强，耐热性较强，耐旱性和耐涝性中等。

7. 博辣 5 号

湖南省蔬菜研究所育成的一代杂种，为中晚熟辛辣型长线椒品种。果长 20~22 厘米，果宽约 1.5 厘米，单果重约 25 克。果身匀直，青果绿色偏深，少皱，果表光亮，红果颜色鲜亮，口感好，食味极佳，耐运输。抗病、抗逆能力强，抗衰老，坐果能力强，宜鲜食或酱制加工。

8. **博辣红艳**

湖南省蔬菜研究所育成的一代杂种。中早熟，青熟果浅绿色，生物学成熟果鲜红色，果表光亮。果直较圆，果长 24 厘米，果宽约 1.8 厘米，单果重 30 克左右。可鲜食或酱制加工，坐果性好，抗逆性强。

9. 辣丰 3 号

深圳市永利种业有限公司育成的一代杂种。中熟，植株生长势旺，分枝多，节间较密，连续坐果能力强，节节有果。株高一般 55~65 厘米，株幅 50~60 厘米。果实细长羊角形，前期果长 22 厘米，果径 1.6 厘米左右，单果重 22 克左右。果实光亮，顺直，果形整齐而美观，青熟果深绿色，红果颜色鲜亮，红果不变软。辣味较强且辣中带甜，口感好，食味极佳，且耐贮运，商品性好，种植容易，适应性广，抗病，不易死苗。连续收获期长，产量高，一般亩产鲜椒 4 000 千克左右。

10. **辣丰艳红**

深圳市永利种业有限公司育成的一代杂种。中熟，植株生长势旺，分枝多，节间较密，连续坐果能力强，节节有果。株高一般 62 厘米左右，株幅 58 厘米左右。果实长羊角形，前期果长 21 厘米左右，果径 1.4 厘米左右，单果重 20 克左右。果实特光亮、顺直、皮薄、肉厚，空腔小，果形整齐而美观，首尾均匀，质脆嫩，食中无渣，青熟果深绿色，红果鲜艳。辣味较强，食味极佳，极耐贮运，商品性好。种植容易，适应性广，抗病，不易死苗，连续收获期长，产量高，一般亩产鲜椒 4 000 千克左右。

11．湘辣 7 号

湖南湘研种业有限公司育成的一代杂种，为中熟长线椒品种。果实细长、顺直，果长 19~22 厘米，果宽约 1.6 厘米。青果深绿色，老熟果红色，果实红熟后硬，前后期果实一致性好，单果重 22 克左右，味辣，有香味。耐湿热，耐旱，坐果性好，综合抗性强，适宜鲜椒上市或酱制加工。

12．湘妃

湖南湘研种业有限公司育成的一代杂种，为中熟长线椒品种。果实长线形，果实长 23~26 厘米，果宽 1.8 厘米左右。果实浅绿色，红熟快，红果艳，果实长而直，果实肩部稍皱。味辣，香味浓，皮薄，肉质脆嫩，口感品质上等。植株坐果能力强，连续结果性好。果实生长速度快，耐湿热，综合抗性好，适应性广。

13．GL-7

广东省良种引进服务公司引进的一代杂种。中晚熟，单生朝天椒，株型半开张。果形短小，果长 4~5 厘米，果肉厚约 1 毫米，单果重 1.4~1.8 克。果实整齐度高，未成熟果绿色，成熟果鲜红色，色泽亮丽，果面微皱，皮薄，果硬，种子腔饱满，果肉含水分少。耐贮运，口感特别香辣。坐果力强，收获期长。

14．GL-5

广东省良种引进服务公司引进的一代杂种。中晚熟，单生，植株旺盛，株型半开张。果形细长，果长 6~7 厘米，果肉厚约 1.4 毫米，单果重 3~5 克。果实整齐度高，未成熟果绿色，成熟果鲜红色，色泽亮丽，果面光滑。坐果力强，收获期长。本品种来自热带，抗热性相对比较强，在高温季节仍能有较好的生长和挂果能力，抗病能力好。

15．**福湘秀丽**

湖南省蔬菜研究所育成的一代杂种，为中熟泡椒品种。果实粗牛角形，青果绿色，成熟果鲜红色，果表光亮，果长 18 厘米左右，果宽约 5.5 厘米，肉厚 0.5 厘米，单果重 120 克左右。果实耐贮运能力强，红椒长时间不变软。

二、辣椒生物学特性

（一）植物学性状

辣椒为茄科辣椒属蔬菜，在温带地区为一年生草本植物，在热带、亚热带地区为多年生草本植物。

1. 根

辣椒的根系发育较弱，入土较浅，根量少，茎基部不易发生不定根，侧根只从主根两侧排列整齐生出。辣椒根系的木栓化程度高，因而受伤后恢复能力差，再生能力弱。

辣椒的主根上粗下细，在疏松的土壤里一般可入土 40~50 厘米。育苗移栽的辣椒，由于主根被切断，生长受到抑制，深度一般为 20~30 厘米。侧根从主根和根茎部长出，侧根生长早而多，主要分布在 10~20 厘米处。

根的作用是从土壤中吸收水分及无机营养，植株生长发育所需要的水分和无机营养都是由根从土壤中吸收的。根的另一作用是合成氨基酸，植物所必需的许多氨基酸是由根系合成后输送到地上部分的。另外，根还起固定植株、支持主茎、防止植株倒伏的作用。根的吸收作用主要由幼嫩的根和根毛进行。合成作用主要在新生根的细胞中进行。较老的木栓化根只能通过皮孔吸水，且吸收量少。因此，在栽培中要促进辣椒不断产生新根，发生根毛。

2. 茎

辣椒茎直立，基部木质化，较坚韧，上部半木质化，茎高 30~150 厘米，因品种不同而有差异。茎的分枝很有规则，一般为双叉分枝，也有三叉分枝。一般情况下，小果类型植株较高大，分枝多，株幅大；大果类型植株矮小，分枝少，株幅小。当主茎长到 7~15 片真叶时，顶芽分化为花芽，形成第 1 朵花，花以下 2~3 节长出 2~3 个侧枝，果实着生在分叉处；侧枝顶芽又分化为花芽，形成第 2 朵花，以后每一分叉处着生 1 朵花。

辣椒有无限分枝和有限分枝两种类型。无限分枝型一般植株高大，生长势强，产量较高，在生长期分枝无限延续下去。绝大多数栽培品种均属此类型。有限分枝型植株矮小，生长势弱，主茎生长到一定叶数后，顶芽分化出簇生的多个花芽，花簇下面的腋芽抽生出分枝，分枝的叶腋还可抽生出副侧枝，在侧枝和副侧枝的顶端形成花簇，然后封顶。簇生椒属于此类型，一般多用作观赏。

茎的作用是将根吸收的水分及无机物等输送给叶、花和果实，同时又将叶片制造的有机物质输送给根，促进整个植株的生长。

3. 叶

辣椒幼苗出土后最早出现的 2 片对生而偏长的叶叫子叶，以后长出的叶叫真叶。真叶长出前，幼苗主要靠种子中贮藏的养分和子叶进行光合作用制造的养分而生长。种子发育不充实，子叶生长瘦弱或畸形。育苗过程中，当苗床水分不足时，子叶不舒展；水分过多时，床温过低或光照不足，则子叶发黄，提前凋萎。子叶生长的状况是判断幼苗健壮的标志之一。

辣椒的真叶为单叶、互生，卵圆形、披针形或椭圆形，全缘，先端尖，叶面光滑。叶色因品种不同而有深浅之别。真叶叶形与品种有关。一般大果型品种叶片较大，叶形较宽而短；小果型品种叶片窄而长，多为披针形。

叶片的功能主要是进行光合作用和蒸腾水分、散发热量。辣椒植株全部干物质主要是依靠叶片进行光合作用积累。叶片生长状况反映植株的健壮程度。健壮的植株一般是叶片舒展、有光泽、颜色较深，心叶色较浅、颇有生机；反之则叶片不舒展、叶色暗、无光泽，或叶片变黄、皱缩。

4．花

辣椒的花为完全花，花较小，属常异花授粉作物，异交率5%~30%。花的结构可分为花萼、花冠、雄蕊、雌蕊等部分。

花萼为浅绿色，包在花冠外的基部。花萼基部连成萼筒，呈钟形，先端5~6齿，较短小。作用是保护蕾果，并能进行光合作用，制造养分供给蕾果。

花冠由5~6枚花瓣组成，基部合生，与雄蕊的基部相连结，一般呈乳白色。花冠基部有蜜腺，具有保护和吸引昆虫的作用。花冠在开花后4~5天随着子房生长逐渐脱落。

雄蕊有5~6枚，由花丝和顶部膨大的花药组成，围生于雌蕊外面。与雌蕊的柱头平齐或柱头略高于花药的花称为正常花或长花柱花。辣椒花一般朝下开，花药成熟后纵裂而散出花粉，落在靠得很近的柱头上进行授粉。当营养状况不良或环境条件异常时则形成短花柱花，柱头低于花药，花药开裂时大部分花粉不能落在柱头上，授粉机会很小，几乎全部落花。短花柱花即使进行人工授粉，也往往由于子房发育不完全而结实不良或不能结实、落花，因此，生产上应尽量减少短花柱花的出现。

雌蕊由柱头、花柱和子房组成。柱头上有刺状隆起，成熟的花柱头上还分泌黏液，便于黏着花粉。花柱和柱头有2~4条纵脊沟，其数目与子房心室相等。子房有2~4个心室，上位子房。外界条件适宜时，授粉后花粉萌发，花粉管通过花柱到达子房，完成受精。精卵细胞结合，形成种子。与此同时，子房发育膨大成果实。

5．果实

辣椒果实属浆果，由肉质化的果皮和胎座组成。果实是由子房发育而成的，为真果。果皮与胎座之间是一个空腔，同隔膜连着胎座，把空腔分为2~4个心室。主要食用部位是果皮，俗称果肉，果肉厚度是辣椒的一项品质指标。果实形状有方灯笼形、长灯笼形、扁圆形、长牛角形、短牛角形、长羊角形、羊角形、短指形、樱桃形等。

辣椒果实着生方向一般向下、单生，也有向上或向侧的。植株上的第 1 个分叉的果实俗称为门椒，第 2 层果实称为耳椒，然后依次为四母斗、八面风、满天星。果实从开花授粉至达到商品成熟度需 25~30 天，呈绿色或黄色；达到生理成熟度需 50~65 天，呈红色或黄色。一般大果型果实不带辣味，辣椒素含量极少；而果实越小就越辣，辣椒素含量越多。

6. 种子

辣椒的种子多数着生于果实胎座上，少数种子着生于种室隔膜上。成熟的新种子短肾形，扁平，微皱，淡黄色，略有光泽，种皮较厚实。采种或保存不当或旧种子无光泽，呈黄褐色。种子千粒重 4.5~8 克，种子寿命为 3~7 年，使用寿命为 2~3 年。

（二）生长发育特点

1. 发芽期

发芽期是指种子萌动到子叶展开、真叶显露期。在温湿度适宜、通气良好的条件下，从播种到现真叶需 10~15 天。这一时期种苗由异养过渡到自养，开始吸收和制造营养物质，生长量比较小。管理上应促进种子迅速发芽出土，否则既消耗了种子内的养分，又不能及时使秧苗由异养转入自养阶段，导致幼苗生长纤细、柔弱。

2. 幼苗期

从第 1 片真叶显露到第 1 个花蕾现蕾为幼苗期。幼苗期的长短因苗期的温度和品种熟性的不同有很大的差别，在华南地区辣椒幼苗期一般为 30~50 天。此期第 2 片真叶展开时，苗端已分化出 8~11 片真叶，生长点也开始分化第 1 个花蕾。管理上应合理调控温度、光照、水分及养分供应，创造适宜的苗床环境，使秧苗营养生长健壮，正常进行花芽分化。这对获得早熟高产具有重要的意义。

3．开花结果期

从第 1 朵花现蕾到第 1 个果坐果为始花期，以后即为结果期。始花期长 20~30 天。结果期，开花与结果交替进行，一般为 60~100 天。这一时期植株不断分枝、开花结果，先后被采收，是辣椒产量形成的主要阶段。管理上应加强肥水管理和病虫害防治，保证茎叶正常生长，延缓衰老，延长结果期，以提高产量。

（三）对环境条件的要求

辣椒对环境条件的要求较苛刻。其生态适应性特点为：性喜温暖，怕霜冻、寒冷，忌高温；喜光，怕暴晒，耐弱光；喜潮湿，怕水涝，畏干旱；较耐肥，不耐瘦瘠。

1．温度

辣椒不同的生长发育时期对温度有不同的要求。种子发芽最适温度为 25~30℃，低于 15℃和高于 35℃时发芽困难。幼苗期生长适宜的昼温为 27℃左右，夜温为 15~20℃，适宜的昼夜温差为 8~10℃。此期温度高则分枝多，花芽分化多，发育早。但温度适当低些，特别是夜温低，其第 1 花芽的节位有降低的趋势。开花结果期适宜昼温为 25~30℃，夜温为 18~20℃。气温低于 15℃时受精不良，易落花；气温低于 10℃时花药不开裂，不能授粉受精，易大量落花，即使少数单性结实也会形成僵果；气温高于35℃时花粉变态或不孕，不能受精而落花。

辣椒根系生长发育的适宜温度为23~28℃。地温过高，影响根系发育，且易诱发病毒病。

不同品种对温度的要求有较大的差异。一般大果型品种不如小果型品种耐热，早熟品种较耐寒，而中晚熟品种较耐热。

2．光照

辣椒对光照的要求不太严格，属中光性植物。只要温度适宜，日照长短影响不大。通常以10~12小时的日照时间下开花结果为宜，过短的日照不利于有机物质的积累，过长的日照会促进营养生长，不利于开花结果。

对光照强度的要求，不同阶段要求也不同。种子在黑暗的条件下容易发芽，而幼苗期要求较强的光照，开花结果期要求中等的光照强度。辣椒的光补偿点为1 500勒，光饱和点为3 000勒。光照强度过强，如夏季高温烈日（9万~11万勒），则茎叶生长矮小，生长迟缓，易发生病毒病和日灼病。较耐弱光，但光照过弱会影响花的素质，易引起落花落果，造成减产。

3．水分

辣椒是茄果类蔬菜中较耐旱的植物，怕涝，不耐渍。一般小果型辣椒品种比大果型耐旱。辣椒不同的生育期需水量也不同。种子发芽需要一定的水分，但由于种皮较厚，吸水慢，所以催芽前要浸泡种子，使其充分吸水，促进发芽。幼苗期需水量较少，要适当控水，以利于发根，防止徒长。结果期由于植株生长量大，需水量随之增加，需要充足的水分。如果缺水，果实膨大缓慢，果面皱缩、弯曲，色泽暗淡，影响产量和品质。

辣椒喜土壤适度湿润而空气较干燥的环境。湿度过大或过

小，对幼苗生长和开花坐果影响很大。适宜的空气相对湿度为
60%~80%。幼苗期，空气湿度过大容易引起病害；初花期，湿度
过大会造成落花；盛花期，空气过于干燥会造成落花落果。

4. 土壤和营养

辣椒对土壤要求不太严格，沙壤土和壤土都可种植，但以地势
较高、排灌方便、土层深厚、富含有机质、通透良好的壤土或沙壤
土为好。要求生长的土壤酸碱度为微酸性或中性，pH 6.2~7.2。在
土壤呈酸性且高湿的环境条件下，易发生青枯病和疫病。

辣椒对土壤营养要求较高，吸肥量较大，对氮、磷、钾三要素
均有较高的要求。氮对辣椒的营养生长和生殖生长有重要作用。缺
氮，植株矮小，花芽分化和开花期延迟，花少，花的质量差，易落
花，产量低；氮过多，植株引起徒长，营养生长过盛，从而抑制了
开花结果。磷主要影响根系生长和花芽分化。磷不足，辣椒花芽形
成迟缓，开花迟，花量少，并形成不能结实的不良花。钾主要对果
实膨大有直接影响，显著影响单果重量，同时影响茎叶生长，特别
是茎秆的正常生长。

不同的生长发育时期，需肥的种类和数量也不同。幼苗期植株
幼小，生长量小，需肥量小，但肥料要全面，氮、磷、钾要配合使
用，否则会影响花芽分化，推迟开花和减少花量。初花期枝叶开始
全面发育，需肥量不太多，可适当施些氮、磷肥，促进根系的生长。
此期氮肥不能过多，否则易引起徒长、落花落果，并降低对病害的
抗性。进入盛花期、坐果期，果实迅速膨大，需要大量的氮、磷、
钾肥，一般每采收 1~2 次施 1 次肥，施肥宜在采收前 1~2 天进行。

辣椒的辛辣味受氮、磷、钾肥含量比例的影响。氮肥多，磷、
钾肥少时，辛辣味降低；氮肥少，而磷、钾肥多时，则辣味浓。因
此，在生产中可适当控制氮、磷、钾肥的比例，以改善其品质。

三、辣椒露地栽培

（一）品 种 选 择

选择品种要根据各地的消费习惯、市场需要、栽培条件及供应季节而定。近年来，由于很多地方连年种植辣椒，土传病害增加，加上品种退化、抗病性降低、病害发生严重，造成普遍减产，尤其是露地栽培。

针对这一情况，露地栽培应选择抗病性强的优良品种，并且要不断轮换品种种植。

（二）育 苗 技 术

1. 育苗的意义

辣椒的栽培有直播和育苗移栽 2 种方式。直播一般在耕地上按宽 0.7~1 米开沟做畦，条行直播，每畦 2 行，稀撒种子，然后覆盖约 1 厘米厚的土，以不见种子为度。2~3 片真叶时，间苗 1 次；7~8 片真叶时，按 20 厘米株距定苗。直播省工，但受气候条件影响很大，用种量大，幼苗不整齐，占地时间长，产量低，因此目前已被育苗移栽方式所代替。

健壮的秧苗是高产稳产的基础。育苗能为辣椒生长增加一定的发育积温，使整个生育期提前，并起到延长生育期的作用；育苗能缓解季节茬口矛盾，提高土地利用率；还能节省苗期管理用工，节省种子，降低育苗成本；此外，育苗便于集中管理，有利于抗灾减灾。因此，育好壮苗是争取农时、发挥地力、提早成熟、避免病虫害和自然灾害、夺取丰产的一项重要措施。

2. 壮苗特征

育苗以壮苗为目的，俗话说"苗好一半收"，培育壮苗是保证辣椒早熟高产的基础。苗期不但进行营养生长，而且已经开始分化花芽。所以苗的质量直接影响花芽分化的早晚、着生节位、数量和质量，以及定植后植株的生长，最终会影响产量。

（1）形态特征

壮苗的形态特征一般是植株健壮，生长旺盛，无病虫害；苗高13~18厘米，具8~10片真叶，叶片（包括子叶）完整无损，叶大而厚，叶色深绿，叶柄粗短，生长舒展；茎粗壮，节间较短；根系发达、粗壮，侧根多；花芽分化早，发育好，第一花蕾初现。

（2）生理指标

壮苗的生理指标是根、茎、叶中含有丰富的营养物质，对环境的适应性和抗逆性较强，生命活动旺盛，移栽后能迅速恢复生长。

弱苗有徒长苗和老化苗等，这些弱苗生活力差，定植后生长慢，影响结果和产量，在生产中应尽量避免出现弱苗。

3. 播种期

适宜的播种期要根据当地的气候条件、栽培方式等具体情况决定。一般低温季节播种的苗龄要求35~50天，高温季节播种的苗龄要求25~40天。定植期减去苗龄可以推算出播种期。要掌握好播种期，如果播种太早，苗易老化，造成生殖生长和营养生长失调，往往导致产量显著下降。在广东，辣椒一年四季都可种植，但最适生长时期是春植和秋植。春植播种期在1月上旬至2月上旬，定植期为3月上旬至4月上旬，采收期为5~7月；秋植的播种期在8月上旬，定植期为9月，采收期为10~12月。这两季辣椒避开了高温和寒冷天气，在露地栽培条件下能正常生长发育。

4. 苗床的准备

（1）苗床地的选择

苗床地要选择避风向阳、地势高燥、排水良好、土壤疏松肥沃、交通方便、便于管理、1~2 年内没种过茄科作物的地块。苗床四周要开排水沟，排水沟要比苗床稍深，保证雨水不往苗床内渗透，降低苗床内湿度，以减少苗期发病。

（2）苗床设施的准备

在华南地区，春季育苗一般采用塑料薄膜覆盖的小拱棚，也可在塑料大棚或玻璃温室内进行。塑料薄膜小拱棚建造简单、方便、经济，多被农民采用。建造塑料小拱棚苗床，首先整好地，按东西向做畦，畦宽 1~1.2 米，畦高 15 厘米左右，平整畦面后可在畦内施肥，配制营养土或摆上营养杯。在畦边每隔 0.5 米插 1 根拱架，可用宽 3 厘米、长 2 米的竹片或小指粗的小山竹，两头插入土中 20 厘米左右深，拱成半圆形。拱架上再覆盖上塑料薄膜，四周用泥封严以保温。

秋季育苗由于温度高，不用塑料薄膜覆盖，可直接将种子播在苗床上，但在高温烈日的中午 12：00~14：00，最好在小拱棚上用遮阳网、稻草等疏疏地覆盖一层，遮挡一部分阳光，防止幼苗晒蔫，影响幼苗的生长发育。

（3）苗床土的配制和消毒

育苗床土的好坏与辣椒幼苗生长发育有很大关系。苗床土必须肥沃，富含有机物质，有良好的物理性状，保水保肥力强，通透性能好，以沙壤土为好。营养土的配制，要用 1~2 年内没种过茄科作物园地上的表土，充分腐熟的垃圾、堆肥或厩肥，以及河塘泥、草木灰等。可按以下比例配制：园土 30%~60%，垃圾、堆肥或厩肥 15%~20%，河塘泥 20%~25%，草木灰 5%~10%。如肥力不足，也可适当混加少量速效肥，如 0.1%~0.2% 过磷酸钙或复合肥等。如果土质酸度较高，可加入适量的石灰，既可中和酸性，又能增加土壤中的钙质。配制营养土时，一定要将土打碎、过筛，并混合均匀。配好的营养土可直接铺于畦内，平整后待播种，或将营养土装入营养杯内。如果不立刻用，要把营养土堆好，用塑料薄膜封好，以免被雨淋。

营养土消毒可减少病害的发生。具体消毒方法有多菌灵粉剂消毒和福尔马林消毒 2 种。多菌灵粉剂消毒是用 50% 多菌灵可湿性粉剂（用量为每立方米 40 克）与营养土混合均匀，堆置，其上覆盖塑料薄膜，2~3 天后撤去塑料薄膜，没药味后即可铺开于畦面上，待播种或装杯育苗。福尔马林消毒是用喷壶将 0.5% 的福尔马林溶液喷在营养土上，混合均匀后堆置，其上覆盖塑料薄膜，6 天后去掉塑料薄膜，即可铺开于畦面上准备播种或装杯。

近年来，泥炭土中加陶粒的方法逐步在育苗中应用，该方法比传统的育苗方法有较大的改进。这样的苗床土层疏松，透气性好，保水保肥能力强，根系生长良好，苗移植过程中不易伤根，已被蔬菜工厂化育苗中广泛采用。

（4）营养杯育苗和育苗盘育苗的特点

现在大部分采用营养杯或育苗盘育苗。虽然营养杯和育苗盘育苗较费工，成本稍高，但成苗率高，播种灵活、方便，定植不易伤根，缓苗快，有利于早熟和丰产。营养杯是塑料硬质杯，底部有渗水孔，有大小不同的型号，其中高 10 厘米、宽 8 厘米规格的用得比较多。营养杯可重复利用。目前大面积生产用得较多的是育苗盘，育苗盘有用塑料做的，也有用泡沫板做的，大小规格较多，每盘有几十个穴，每穴底有渗水孔，一般每穴种 1 株苗。育苗盘操作方便，便于移动，已在蔬菜工厂化育苗中广泛应用。

5. 浸种、催芽

辣椒的种皮较厚，需经浸种和催芽后种子出苗才快而整齐，一般每亩用种量 50~80 克。育苗设施不齐全或种子发芽差，育苗成功率低，需增大用种量。浸种前，先将种子晒 1~2 天，以增强种子活力，提高发芽率、发芽势，促进发芽和加快出苗。晾晒种子还有一定的杀菌消毒作用。

浸种时将种子放入温水中浸泡 3~5 小时。种子浸入水后，去除浮子，并搓干净种子表面的污染物，更换清水浸泡达预定时间。浸种结束后，捞出种子，沥干水分，用湿纱布或毛巾包好置于盆中，放在 30℃ 左右的地方催芽。也可用恒温箱催芽，没有恒温箱的可用电灯的热能、炉灶的余热或放入盛有半瓶热水的保温瓶中催芽。催芽过程中要每天翻动种子 1 次，种子过干时，可用温水冲洗浸润，使其受热均匀。2~4 天后，大部分种子露白时即可播种。因故不能及时播种的，应将种子置于 5~10℃ 下保存，以延长发芽时间。

为了防止种子带病，如炭疽病、疫病、猝倒病、立枯病、疮痂病等，播种前应进行消毒处理。最简单的方法是温水烫种，将种子放入 52~55℃ 的热水中烫 15 分钟，不断搅拌。为保证杀菌消毒的效果，一是要确保水温稳定，在水中插入温度计，当水温降低时应加热水调节；其次要达到规定的烫种时间。烫种结束后立即把种子捞出，放入温水中冷却，以免烫伤种子。温水烫种可杀灭附在种子表面和潜伏在种内部的病菌。也可用药剂消毒，把浸泡好的种子捞起再浸入 1% 的硫酸铜、0.1% 的高锰酸钾溶液中 5 分钟，或浸在福尔马林 100 倍液中 20 分钟。另外，将预浸过的种子放入 10% 的磷酸三钠溶液中 20 分钟，可防止辣椒病毒病的发生。将预浸过的种子放入 0.1% 的农用链霉素液中 30 分钟，可防止疮痂病、青枯病的发生。用药剂浸过的种子，要用清水冲洗干净，才能催芽或播种。

6．播种

播种应选在晴天上午进行。播种前要先把苗床或营养杯的土淋透，土壤含有充足的水分才能满足种子发芽出苗的要求。水分过少，种子的芽易干枯，导致出苗不整齐。苗床育苗用种量一般每平方米 10~15 克。撒种要分 2~3 遍进行才能均匀，撒种时尽量把种子撒开，不可打团，力争均匀。营养杯育苗应根据当地的种植习惯和营养杯的大小来确定单株育苗还是双株育苗，一般单株育苗的每杯播 2~3 粒种子，双株育苗的每杯播 3~4 粒种子。育苗盘育苗一般每穴播种 1~2 粒。

播种后盖上筛过的营养土，厚度以刚好覆盖过种子为宜，盖土要均匀。盖土过薄幼苗出土易"戴帽"，床土易干，影响幼苗正常出土和生长；盖土过厚不利于出苗，延缓出苗时间。覆土后，盖上遮阳网或稻草，再均匀淋水。春季播种气温较低，苗床要再用塑料薄膜封严，以保持稳定的土壤温度和湿度条件。

7. 苗期管理

（1）温度管理

出苗前要对苗床进行保温保湿，提高床温，促进早出苗、出齐苗。辣椒发芽的适宜温度为 25~30℃，最低温度为 15℃，最高温度为 35℃。在昼夜变温条件下，种子发芽比恒温下发芽要好。幼苗破土后要及时揭去遮阳网或塑料薄膜。幼苗出齐后，为避免幼苗徒长，应通风换气，逐步降低苗床温度，保持白天 25~28℃，夜间 16~18℃。2~3 片真叶时注意炼苗，控制水分。移苗、补苗前 3~4 天应降低温度，日温控制在 25℃左右，夜温 15℃左右，目的是对幼苗进行低温锻炼，提高幼苗的抗性，以利于移苗、补苗后缓苗。定植前 1 星期应放风炼苗，逐步减少苗棚与大田的温差，提高幼苗定植后适应环境的能力，加快缓苗。

秋季辣椒播种后气温很高，在晴天中午光照最强时，最好采用遮阳网遮挡部分阳光，以降低苗床温度，防止幼苗晒伤。

（2）水分管理

注意调节好苗床的湿度。辣椒苗期植株小，吸收能力弱，苗床内既要有充足的水分，又不能过湿。春播辣椒幼苗期温度较低，蒸发量小，播种时淋的水足以维持到间苗前。湿度过大，易发生病害，如猝倒病等。湿度大时可加强通风换气，以减少土壤中水分。秋播辣椒苗期温度较高，蒸发量大，每天下午都要淋水以保持土壤湿润，淋水还可降低土壤温度，以免幼苗被烧伤，影响生长和发育。

（3）间苗、移苗和补苗

间苗一般分 2 次进行。子叶充分展开、现露真叶时，应及时进行第 1 次间苗。先将受伤、畸形、"顶壳"、生长弱小和有徒长趋势的苗拔去，再将过密的苗拔去一部分。目的是扩大幼苗株间距离，改善幼苗的光照条件，保证幼苗有足够的空间继续生长发育，可减少病虫害的发生，避免因秧苗拥挤、营养面积不足而造成幼苗徒长。苗床育苗间苗标准根据是否要移苗或补苗决定。不用移苗或补苗的，苗距可适当大些，保持 5~6 厘米的株距；准备移苗或补苗的，留苗可密一些，苗距 2~3 厘米。第 2 次间苗在移苗及补苗后、幼苗具 3~4 片真叶时进行。苗距保持在 10 厘米 ×10 厘米左右，拔掉过密、弱小的苗。营养杯育苗间苗应根据种植习惯是单株植还是双株植分别进行。单株植一般第 1 次间苗时留 2 株，第 2 次间苗时留 1 株；双株植第 1 次间苗时留 3 株，第 2 次间苗时留 2 株，以保证苗数。如幼苗不会受其他因素的影响而出现死苗、缺苗现象，也可只进行 1 次间苗。第 1 次间苗时就留够苗，省去第 2 次间苗。该方法省工，但苗数很难保证。间苗后床土松动，要淋一些水或撒一层疏松的细土，使幼根与土密切接触，保护留下的苗。

移苗、补苗在 2~3 片真叶时进行。辣椒苗期第 3~4 片真叶展开时开始花芽分化。避免移苗伤根影响花芽分化，应在 3~4 片真叶期前进行移苗、补苗。移苗、补苗宜在晴天下午进行，以利于苗的成活。移苗可直接移栽于苗床内或移栽于营养杯中，再把缺苗的地方补上苗，充分利用苗床。移植于苗床内的苗距约 10 厘米 ×10 厘米，并按照当地的栽培习惯进行单株或双株移植。双株移植的要适当再加大苗距。移苗前几小时苗床要淋透水，以便起苗。起苗时要尽量多带土，少伤根，并随起随栽。移栽深度比原入土稍深，幼根栽入土中不能弯曲，否则影响成活。移栽后应淋足水。春季小拱棚育苗、移苗时温度低，要随移随盖塑料薄膜，以提高床温，促进幼苗发根。秋季育苗气温高，光照强，在保证水分充足的条件下，移栽后1~3天，中午应用遮阳网遮挡阳光进行护苗，以防晒蔫秧苗，影响幼苗生长。移植于营养杯的，单株植的移1~2株，双株植的移2~3株，移栽后淋足水。

（4）追肥

苗期幼苗生长以基肥为主，辅以适当追肥。苗期追肥，对促进秧苗的生长发育、提高秧苗的素质、培育壮苗、提高产量都有一定的作用。特别是早熟品种，追肥效果尤为明显。苗期追肥可用腐熟稀释的粪水或化学肥料，追肥量要根据床土的肥沃程度、植株的生长势和品种而定。当秧苗叶色淡黄、叶小、茎细，表现缺肥时，就需要追肥。追肥必须在晴天下午进行，可用10%的腐熟人粪尿浇施或用0.2%的三元复合肥水浇施，施完肥后，应用清水冲洗净叶面上的肥料，防止烧叶。

春播塑料薄膜覆盖小拱棚育苗，追肥前应揭开覆盖物进行通风，并逐渐加大通风口，使秧苗逐渐适应较低的温度，然后再进行追肥。追肥结束后，应保持通风状态，使洒在秧苗上的肥料及水分蒸发干，在苗床湿度降低到一定程度时再盖膜。

定植前，温度一般较高，秧苗生长快，对肥料的需求量也增加了。因此，定植前1~2天，应施1次粪水或复合肥水，又称"送嫁肥"。送嫁肥对秧苗定植后及早缓苗具有重要的作用。

（5）光照管理

冬季和春季育苗由于自然光照较弱，加上苗床设施的遮光等因素，苗床内光照普遍不足。在维持适当床温的前提下，晴天温度较高时，白天应尽量揭开覆盖物，傍晚尽量延迟覆盖。而大棚或温室育苗的，棚顶必须保持洁净明亮，以增加光照，满足幼苗生长的需要。同时，应及时间苗和移苗，防止秧苗徒长。

夏、秋季育苗光照强，特别是晴天中午，阳光十分猛烈。应采用遮阳网遮挡部分阳光，防止晒蔫秧苗，影响秧苗的正常生长和发育。并且，在移苗后1~3天，中午要盖遮阳网，否则刚被移植的秧苗由于蒸发量大、根吸水能力差，易出现萎蔫现象。

（6）苗期病虫害防治

辣椒苗期的主要病害有猝倒病、立枯病等，虫害主要有蚜虫、小地老虎、螨类等。苗期应加强苗床的管理，合理控制温、湿、光、肥等，培育壮苗，增强抗性，能有效地减少病虫害的发生。同时使用农药防治，具体方法见"辣椒主要病虫害及其防治"部分。

（三）定　植

1. 选地、整地

辣椒根系弱，入土较浅，生长期长，结果多，既怕涝又怕旱，应选择地势高燥、土层深厚、排灌良好、土质疏松肥沃的沙壤土种植。切忌与茄科作物连作，最好采用水旱轮作。种植辣椒的地最好冬季深耕，耕后任其日晒，以改良土壤的结构，消灭部分病虫源，减轻病虫害的为害。

定植前结合施基肥，然后整地作畦。土壤比较干爽时方可整地作畦，切忌湿土整地，以免土壤板结成块，透气性差，从而影响辣椒根系的生长。酸性土壤，整地时可结合施用石灰，一般亩施100千克左右，既可中和土壤的酸性，抑制青枯病及白绢病等病害的发生，又可补充辣椒所需要的钙素营养。辣椒栽培一般采用深沟、高畦、窄畦，以便于排水灌溉。按南北向开沟，沟距一般为80~100厘米。开好沟后，在畦中间开浅沟，施入基肥，待定植。基肥以农家肥为主，可用厩肥、人粪尿、鸡粪等堆沤肥。每亩一般施用农家肥4 000千克左右、过磷酸钙50千克、硫酸钾15千克。施肥结束后，用土覆盖好，防止肥料挥发损失。

2. 定植

辣椒定植一般每畦栽2行，行距33~45厘米，株距30~45厘米。同时，应根据当地种植习惯，采用单株或双株种植。不同品种种植密度有所不同，一般每亩种植3 500~5 000株，早、中熟品种其株型和株幅小，定植密度可适当加大，晚熟品种株型较大和株幅大，定植密度应适当缩小。

定植期因各地的气候不同而不同。一般土壤10厘米深处的温度稳定为15℃左右时，即可定植。在不会受冻害的前提下，应适当抢早定植。定植宜在晴天、无风的下午进行，切忌雨天定植。移植过程中起苗要尽量少伤根、多带土，轻拿轻放。栽植深度同秧苗原入土深度一致。营养杯育苗的，将其倒转过来，杯底朝上，轻轻拍打杯底，苗坨会自然落出。育苗盘育苗的，可用手捏紧幼苗茎基部，即可带出苗坨。用小锄头挖开或用手挖开定植穴，把苗坨放于穴中，用土封严。定植后立即浇定根水，水量要足，使土壤充分湿润。

夏、秋季定植辣椒光照强，水分蒸发量大，定植后秧苗吸水量小于蒸发量，易萎蔫。因此，定植后1个星期内，中午最好用遮阳网或稻草等其他覆盖物遮挡部分阳光，防止晒伤秧苗，影响定植后植株的发根和正常生长的发育，并可有效地减轻病毒病的发生。

（四）田间管理

1. 查苗、补苗

辣椒定植后，由于水、肥、农药、病虫害等可能引起死苗和缺苗，应及时查苗，发现缺苗时宜在晴天下午进行补苗。

2. 水分管理

辣椒定植后，要经常浇水，保持土壤湿润。生产实践中，应根据天气情况灵活掌握浇水次数和浇水量。天气晴朗，温度高，蒸发量大，要增加浇水次数和浇水量，以保证土壤湿润。低温季节加上阴天，如果土壤湿润，可少浇水或不浇水，以保证地温不下降，直到表土稍干时再浇水。

辣椒根系生长要求土壤通透性好，因此在多雨季节要做好田间排水、防涝工作。田间积水会使根系窒息，影响根系正常的生长和养分的吸收。轻者造成根系吸收能力降低，导致植株体内水分失调，引起落叶、落花和落果；重则造成植株萎蔫、沤根和死株。

广东地区 7 月初开始进入高温干旱季节，浇水远远满足不了植株生长的需要，并且浇水越多菜地越板结，影响土壤的通透性。连续高温干旱时间长，应进行沟灌。沟灌宜在下午或早上天气比较凉时进行，水不能溢过畦面，以低于畦高 1/3 为宜，水停留一下等上部的土壤渗透湿后，立即排干。灌水时间不能过长，否则会引起根系窒息和诱发病害。

3. 追肥

辣椒生育期很长，为了保证生育期有充足的养分，除了施足基肥外，还要根据辣椒的生长情况进行合理的追肥。不同生育期对养分的需求也不同。养分的吸收主要集中在结果期。一般早熟品种开花结果早，营养生长弱不利于高产，应加强早期追肥，增施氮肥，保证植株幼苗期适当地徒长，有利于提高产量；晚熟品种营养生长旺盛，生殖生长迟，应控制早期追肥，减少氮肥施用量，增加磷、钾肥用量，防止徒长，促进开花结果。

（1）土壤追肥

追肥应氮、磷、钾三要素配合使用，分期进行。追肥的原则是：

轻施苗肥，稳施花肥，重施果肥。施肥要结合淋水进行，一般在施完肥后立即淋水，不但可以冲洗干净叶片，以免烧叶，还可淋湿土壤，有利于根系吸收养分。

①生长初期。定植后，植株生长初期，追肥以磷肥、氮肥为主，以促进幼苗发根、植株生长和花芽分化。该时期，根系小而弱，尚未伸展开，难以吸收到基肥。一般在定植后 7~10 天，缓苗结束后进行第 1 次追肥。追肥可用腐熟的稀粪水淋蔸，或每亩用 6 千克复合肥加 3 千克尿素溶于水，稀释成 0.5% 的溶液淋蔸。

②生殖生长初期。从第 1 朵花开放至第 1 次采收，是辣椒由营养生长为主过渡到生殖生长与营养生长并进的转折时期。该时期植株易因徒长而落花，管理上要控制施用氮肥，增施磷、钾肥，追肥要"稳"。追肥以施磷、钾肥为主，并要根据植株生长情况进行。生长势较差、叶片较黄的田块可追施腐熟的稀粪水，或用 0.5% 的氮、磷、钾三元复合肥水淋蔸（每亩用复合肥 5~10 千克），以促进开花与结果。追肥可以结合中耕进行。

③结果初期。此期植株不但进行营养生长，不断分化出新的枝叶，还进行旺盛的生殖生长，开花坐果量大。植株需要充足的养分供应，应及时补充。一般每亩施用三元复合肥 25~30 千克加尿素 10 千克，或粉碎、腐熟的花生麸肥 50 千克。方法是在行间埋施，施完后用土盖严，以防受热挥发，降低肥效。追肥可结合培土进行。

④盛果期。一般每隔 10~15 天追肥 1 次，追肥可用腐熟的粪水或用复合肥加尿素进行，具体施用量根据植株生长情况而定。

（2）根外追肥

追肥过程中结合根外施肥效果较为显著。植株生长前期根系较弱，或后期植株趋向衰老、根系吸收能力弱，或土壤中缺乏某些微量元素时，根外追肥的效果很好。根外追肥叶片能迅速吸收，肥料利用率高。根外追肥要严格控制肥料浓度，以防烧伤叶片，产生肥害，影响生长。苗期植株叶片较柔软，浓度要偏低些；成植期后可适当高些；气温高时浓度要低一些。根外追肥宜在阴天或晴天上午露水干后及下午喷施。

根外追肥可用氮、磷、钾三元复合肥或磷酸二氢钾或尿素的0.5% 溶液喷雾。根据植株生长情况决定叶面追肥的次数。初花期至盛花期，用 0.2% 的硼砂溶液或 0.1% 的硼酸溶液喷施 2~3 次，可加速花器官的发育，提高结实率。

4. 中耕、培土和整枝

（1）中耕

一般在辣椒定植后 10 天进行第 1 次中耕。辣椒缓苗后，如果天气晴朗无雨，中耕前 2~3 天停止浇水，并开始蹲苗。中耕要在土壤比较干燥时进行。中耕要浅，靠近根系处宜浅，尽量少伤根，距离植株远处可稍深。中耕过深，伤根严重，易诱发青枯病。中耕结合除草进行，既可疏松土壤，提高土壤通气性和土壤温度，促进根系的生长发育，还可避免追肥的肥料流失。蹲苗是通过适当控制水分，促进根系向纵深发展，使植株型成强大的根系，有利于以后开花结果，提高产量。蹲苗时间的长短可根据辣椒品种和当地的气候条件而定。一般早熟品种蹲苗要轻，蹲苗时间要短；晚熟品种蹲苗可稍重一些，时间可长一些。空气相对湿度较高时，蹲苗时间可长一些；反之，蹲苗时间不能太长。一般在门果长达 2~3 厘米时结束蹲苗，蹲苗结束后要及时施促花肥，并结合浇水，增加土壤和空气的湿度，以促进开花坐果。

（2）培土

一般在植株封行前进行最后一次中耕，并进行培土，加厚根际土层，降低根系周围的地温，有利于根系生长发育，防止倒伏。同时有利于提高行间通风透光性，降低湿度，减少病虫害的发生。结合培土可以追施花生麸、禽畜粪等农家肥，或追施复合肥。培土后应及时浇水，以促进根系对养分的吸收。辣椒封行后，杂草大大减少，可以用人工拔除。

（3）整枝

在第 1 个果坐果后，及时将分杈以下的侧枝全部摘除，以免夺取主枝营养，影响果实发育。并及时摘除下部的枯、黄、老叶，以利于通风透光。

（五）适时采收

辣椒可连续结果多次采收，青果、老果均能食用，故采收时期不严格，一般在花凋谢 20~25 天后可采收青果。为了提高产量，有利于上层多结果及果实膨大，应及时采收。第 1、2 层果宜早采收，以免坠秧，影响上层果实的发育和产量的形成。其他各层果宜充分"转色"后才采收，即果皮由皱转平、色泽由浅转深并光滑发亮时采收。采收盛期一般每隔 3~5 天采收 1 次。以红果作为鲜菜食用的，宜在果实八九成红熟后采收。干制辣椒要待果实完全红熟后才采收。

采收宜在晴天早上进行。中午水分蒸发多，果柄不易脱落，采收时易伤及植株，并且果面因失水过多而容易皱缩。下雨天也不宜采收，采摘后伤口不易愈合，病菌易从伤口侵入引起发病。

（六）越冬栽培

近年来，农民为了节省成本，辣椒又能安全越冬，在冬种的辣椒地上直接建造塑料小拱棚，在畦边每隔 0.5 米插 1 根拱架，可用宽 3 厘米、长 2~3 米的竹片或小指粗的小山竹，两头插入土中 20 厘米左右深，拱成半圆形。拱架上再覆盖塑料薄膜，四周用泥封严以保温，能有效地起到保温和提早上市的作用，使小拱棚内温度维持在 30℃左右。如果温度高于 35℃，就要加强通风，使温度降至30℃左右。温度过低时，密封两头保温，使冷空气无法进入；温度过高时，可先打开两头进行通风，随着小拱棚内温度的升高，打开两侧的薄膜进行放风。当夜间外界最低温度不低于 15℃时，可把小拱棚上的薄膜全撤走。

四、辣椒地膜覆盖栽培

（一）地膜覆盖的效果

地膜覆盖，就是将厚度为 0.015~0.02 毫米的聚乙烯或聚氯乙烯薄膜盖于畦面，以增加土壤温度，保持土壤水分和肥力，防止养分流失，减少病虫草害，促进植株生长发育，提早成熟，增加经济效益。目前地膜覆盖栽培在辣椒上被广泛地应用。

地膜有普通地膜、除草膜、银灰色膜、黑白双面地膜、营养地膜、光降解地膜等。普通地膜是无色透明膜，厚度为 0.005~0.02 毫米，幅度 80~120 厘米，可起到防寒保温、防止水分蒸发、疏松土壤、促进微生物活动等作用。除草膜是在普通地膜上加上化学除草剂制成的，可起到除草的作用。黑色地膜也属于除草地膜。银灰色膜具有反光效果，可增加植株下部光照，还可驱赶蚜虫，减轻病害。黑白双面地膜，由黑白两色膜复合而成，白色向上有反光作用，黑色向下有杀草作用，多用于夏季抗热栽培。营养地膜不仅起到防寒保温、保肥等作用，还可将塑料薄膜中的养分不断地释放出来，增加土壤中的养分。光降解地膜是在光照的作用下逐渐分解，不用回收，可减少土壤污染。

广东地区冬季与早春露地栽培辣椒，由于温度低、雨水多，用地膜覆盖可以提高地温，保持水肥，促进辣椒生长发育，促进早熟，对增产增收具有十分明显的作用。

（1）提高地温

地膜覆盖可以充分利用太阳光能，减少土壤长波辐射，减弱地表辐射与热量损失，提高地温。在低温季节，地膜覆盖的地温比不覆盖地膜的高 3~6℃。这对辣椒根系的生长有很大的作用，根系活力高，吸收能力强，促进植株地上部的生长和辣椒早熟与丰产。在高温干旱的季节，地膜覆盖又能阻挡阳光直射地面，可使地温下降 1~4℃，保护辣椒的根系生长，防止过早衰老，并增强对病害的抵抗能力，提高产量。一般高畦比平畦覆盖保温效果好。

（2）保持土壤湿度

地膜覆盖可以防止水分蒸发，使土壤含水量比较稳定，保持土壤湿润状态，减少灌水的次数。下雨时大部分水落在塑料薄膜上，顺着膜流入沟内并被排走，土壤的水分不会过多，平时土壤下层的水分又自下向上渗透，或由畦边向畦中横向渗透，供给植株吸收。所以地膜覆盖后土壤水分比较稳定，变化小，适于辣椒的生长和发育。

（3）保持土壤疏松

地膜覆盖栽培，地面不会因受浇水和雨水等的冲击而使土壤板结，土壤始终保持疏松状态，容重小，团粒结构好，土壤通透性也好。同时地膜覆盖栽培可减少农事操作过程中的践踏，影响土壤的结构。辣椒在土壤疏松而通气的环境中根系生长发育良好。

（4）改善土壤营养条件

地膜覆盖后土壤潮湿，地温提高，有利于土壤微生物的繁殖，加快腐殖质的分解与转化，从而使土壤中有效养分增加。地膜覆盖还可防止土壤由于风吹日晒造成的养分挥发及雨水冲刷而造成的养分流失，起到保肥和提高肥力的作用。另外，增加地膜下二氧化碳的含量，有利于根系的吸收和促进光合作用。

（5）减少病虫害

覆盖地膜后，降低田间空气的相对湿度，不利于病菌繁殖，可抑制病害的发生，并可限制害虫的为害。塑料薄膜的反光可驱除蚜虫，因而可减少由蚜虫传播引起的病毒病。

（6）抑制杂草的生长

由于塑料薄膜紧贴地面，当杂草幼芽出土后触及塑料薄膜时会被高温杀死。黑色地膜覆盖，杂草发芽后由于得不到阳光而死亡。

（7）促进早熟和增产增收

采用地膜覆盖，为辣椒生长创造良好的土壤水、肥、气、热等环境条件，促进根系的生长和发育，使吸收能力增强；促使地上部

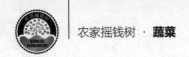

植株生长旺盛，早开花、早结果和多结果；并减少灌水、中耕、除草等劳动投入，以及减少肥料的投入。

（二）地膜覆盖栽培技术

1. 品种选择

由于地膜覆盖栽培是在冬季或早春采用，而地膜覆盖只能提高地温，对地上部没有防寒保温的作用，因此应选用较耐寒的品种。一般适于露地栽培的品种，都可以进行地膜覆盖栽培。

2. 育苗

地膜覆盖栽培辣椒的育苗技术、方法、步骤，大体与露地栽培的相同。早春栽培，由于定植时间比露地栽培早，因此应提早播种、育苗。一般在12月中下旬播种，2月底定植。育苗最好用温室或大棚，也可用小拱棚。越冬栽培，一般在9月底至10月初播种，11月定植。苗期温度较高，可以露地或大棚育苗。一般采用营养杯或育苗盘育苗，以保护辣椒根系在定植时免受损伤，定植后能很快恢复生长。在管理上可通过调节温度控制幼苗的生长，培育出带有花蕾的大壮苗。

3. 定植

（1）选地、整地

应选择地势高燥、排水良好、土层深厚、疏松肥沃的地块种植，最好是坐北向南、背风向阳的地块。切忌与茄科作物连作。不能选择地势低洼的地块进行地膜覆盖，否则会起反作用。因地势低时雨水顺着畦面流入畦沟，很难排走，大部分雨水渗入畦内；又由于地膜阻隔表土蒸发，水分很难散失，容易造成沤根死苗。

整地要提早进行耕翻、耙地，清除前作及杂草等。可晒地一段时间，消灭部分病菌及虫卵。地要深耕细耙，使土细碎、松软，保证土壤疏松透气。畦一般以南北方向开，有利于充分利用阳光。畦宽80~100厘米，畦高以25~30厘米为宜。开沟后，将畦面整成龟背形，以便于排水。

（2）施足基肥

地膜覆盖栽培的辣椒施基肥数量要足。因为盖膜后追肥不方便，最好一次性施足整个生育期所需的肥。基肥以有机肥为主，控制氮肥施用量，增施磷、钾肥。有机肥肥效长，养分完全，又可改良土壤结构。氮肥过多会引起徒长，所以要少施。增施磷、钾肥可促进根系生长，提高结实率及增强抗病性。基肥以农家肥与氮、磷、钾三元复合肥相结合施用。施肥以全面撒施和沟施相结合。一般2/3的农家肥撒施，结合耕地，将肥土充分混匀，以确保辣椒各生育期对肥料的要求。化肥与1/3的农家肥拌匀后进行沟施，定植前在畦中间开沟施用，并用土盖严。

（3）盖膜

盖膜前用铁铲拍打畦面，使之平整，使地膜紧贴地面，有利于提高地温。一般在定植前3~7天盖好地膜，预先提高地温。首先在畦头将塑料薄膜用土压紧，然后展开塑料薄膜并拉紧，使其紧贴地面，膜两侧再用土压严，地膜要铺平、盖紧。畦底一般不覆盖塑料薄膜，留作排水与灌溉用。

盖膜时土壤要比较干燥，湿度适中。土壤过干不利于秧苗的生长，过湿又易使土壤黏结成块，并且水分又难以蒸发，湿度过大，土壤空气过少，幼苗栽下去因水分过多造成呼吸困难，容易因窒息而死亡。

（4）定植

地膜覆盖的辣椒株行距与不盖膜的相同，或稍宽一点。定植宜在晴天下午进行。定植前先用刀按株行距划"十"字形的定植孔，挖定植穴,然后把秧苗从定植孔外套过。定植时可比露地稍深一点,因地膜覆盖栽培不用培土。苗栽下后覆土,并将定植孔周围的塑料薄膜压紧。定植后淋透定根水。

4. 田间管理

(1) 地膜的保护

辣椒定植后,覆盖的塑料薄膜会受到风、雨及田间操作等破坏,膜面出现裂口或由于压得不够严而漏风,造成土壤水分蒸发,地温下降,失去地膜的作用。因此,要经常进行田间检查,发现裂口或被风掀起的要及时用土封严。在进行各种田间操作时要小心,防止破坏塑料薄膜。

辣椒生长过程中一般不中途揭膜,一直盖到辣椒清园。如果温度过高,植株又未封行,为了保护根系免受地温灼伤,可在地膜上盖稻草,以降低地温。中途揭膜后如遇大风大雨,由于没有培土,根系浅,容易造成植株大量倒伏而使植株伤根,严重时死亡,影响产量;同时使土壤含水量增多,容易引发病害。

辣椒收完后清园,要尽量把地膜回收,以免残留于土壤中造成污染。

(2) 水分管理

地膜覆盖可以抑制土壤水分的蒸发,因此需水量比露地栽培少。生长前期,植株小,需水量也少。浇水时可从定植穴处浇入,浇湿苗蔸边的土壤。结果期,地膜栽培的辣椒植株高大,生长旺盛,需水量多,从定植穴浇水的水量满足不了植株生长的需要,应采用沟灌水,再渗入畦中。一般在膜表面水珠很少,叶片在中午出现稍微的萎蔫时即需灌水。灌水宜在早上或下午进行,灌跑马水,急灌、急排,水面应到畦面的一半,不能过高,土湿透后立即排走。

广东地区春季雨水多,要加强排水,及时清理疏通排水沟,做到雨停沟干。

（3）追肥

地膜覆盖栽培追肥不方便。生长前期，辣椒根系小，吸收不到畦内的基肥，定植后 7~10 天，辣椒已缓苗，可用磷酸二氢钾或尿素等进行叶面喷施追肥，或用复合肥与尿素溶于水配成溶液淋蔸。结果盛期，应根据植株生长情况酌情进行追肥，叶面喷施或淋蔸。也可进行灌水追肥，即浇水时将肥料施入畦沟中，肥料随水渗入畦，但这种方法需肥量多，肥料利用率低，根系吸收慢，生产上少采用。

（4）防止倒伏

辣椒地膜覆盖栽培生长旺盛，根系较浅又不能培土，容易倒伏，应及时搭架支撑。同时，在栽培上应少施氮肥，增施磷、钾肥，促进根系生长，防止徒长。

五、辣椒塑料大棚栽培

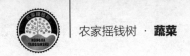

（一）塑料大棚的结构类型与建造

1. 塑料大棚选地

塑料大棚应选择交通方便、地势高燥、避风向阳、土壤肥沃、水源充足、排水良好的地块，最好远离公路，以免尘土飞扬污染塑料薄膜，影响透光性。方向以南北走向为好，可充分利用阳光。棚与棚之间的距离一般为 1.2~1.5 米。

2. 塑料大棚类型

（1）竹木结构大棚

竹木结构大棚是以竹或木为拱架材料建成的大棚。其造价低，建造方便，可就地取材。但立柱的入土部分容易腐烂，使用年限短，一般为 2 年。并且棚内立柱多，操作管理不方便，遮阴面积大，影响植株的生长。竹木结构大棚一般跨度 4~5 米，高 1.8 米左右，长 25~30 米。

（2）钢竹混合结构

结构与竹木结构相同，有的棚用竹木作拱架，钢筋和混凝土作柱；有的用竹木或水泥作柱，钢管拱架。这种棚较坚固耐用，成本也较低，容易被农民接受。跨度一般为 4~5 米，高 2 米，长 30 米左右。

（3）组装式钢管结构

用镀锌薄壁钢管配套组装而成，是定型生产的新型大棚，成套供应使用单位。目前我国生产的有 8 米、7.5 米、6 米、5.4 米等不同跨度的大棚。这种棚结构强度高，防锈蚀性能好，棚内无支柱，结构合理，透光率高，外形美观，安装拆卸方便，但成本较高。

3. 塑料大棚的建造

（1）竹木结构大棚

竹木结构大棚可用长 4~5 米、直径 3~5 厘米的小山竹或宽 3~4 厘米的竹片，把 2 根竹子细的一端绑在一起延长作拱架，粗的一端插入土中，深 35 厘米左右，按宽 4~5 米、高 1.8 米构建大棚。每隔 50 厘米设一拱架，拱架粗细尽量相同，否则弯成拱架后的高度不一致，很难盖膜。拱架上用 3~5 根拉杆横向连成一体，拉杆用小山竹或竹片，用铁丝固定在拱架上。绑拉杆时要保持原来拱架的间距，并调整使全部拱架高度一致。拉杆在棚顶 1 根，两侧各 1 根或 2 根。如果拱架够牢固，支撑力足，中间可以不设立柱。如果拱棚过宽，支撑力不足，可每隔 1~2 根拱架立 1 根立柱。大棚的长度可根据地的实际长度而定，一般长 25~30 米。在棚的两端最后 1 根拱架下，根据棚的宽度，插入 4~6 根不同长度的立杆，加上 2~3 根横杆，与拱架绑在一起作门墙，中部设门。

棚架的覆盖材料，一般使用厚度为 0.1 毫米的聚乙烯（PE）或聚氯乙烯（PVC）普通农膜。聚乙烯薄膜透光性好，红外线和紫外线透过率高，升温快，不易吸尘，膜上水滴较少，但易老化，使用时间短。聚氯乙烯薄膜耐老化和耐高温日晒，保温性好，使用时间较长，但吸尘性强，膜上水滴多，透光率逐渐降低。目前推广用薄型无滴防老化膜，厚度只有 0.065 毫米，使用寿命达 8 个月以上，防雾滴持效期为 4 个月左右，透光率增加 10% 左右，使用效果较好。还有 PE 复合多功能新型膜，这种膜耐老化较好，可连续使用 1 年以上，保温性能好，防雾滴持效期 3~4 个月，棚内 75% 的面积保持无水滴，全光性能达到使 50% 的直射光变为有利于作物生长的散射光。

覆盖塑料薄膜时，根据棚的大小，将塑料薄膜裁剪并用电熨斗焊接成整块棚模。薄膜可以按大棚大小粘合成一大块，也可以分 2

大块、3 大块或 4 大块，一般多采用 3 大块的盖膜方法。各幅薄膜相接处应重叠 20~30 厘米，棚的四周埋入土中的薄膜 30 厘米左右。将裁好的薄膜卷成卷，从大棚的一端向另一端铺开，最早铺的一端先埋入地下，边铺边拉紧，边压压膜线，直到另一端拉到头并埋入地下。压膜线两端拴在大棚两侧的地桩或地锚上，1 天以后，再拉紧一遍压膜线。把门口处的薄膜剪开钉到门框上，再装上活动门，作为出入口及通风口。

（2）钢竹混合结构

钢竹混合结构的建造，原理与竹木结构差不多，可以用钢筋、水泥做立柱，上面的拱架和拉杆用竹子，或主要受力拱架用钢管，其他的用竹子，这样的棚较坚固耐用，但造价略高。

（3）组装式钢管结构

组装式钢管结构可以由工厂定做或直接购买。因为这种大棚是成套供应使用的，根据棚的大小按图安装即可。大棚四周都按薄膜宽度的标准安装有压膜槽，盖膜时把薄膜盖上后用压膜线压入压膜槽内即可。使用起来很方便，但成本较高。

4. 塑料大棚的性能

（1）温度

塑料大棚有明显的增温效果，主要靠太阳的辐射能和薄膜的阻隔来实现。白天，太阳辐射在大棚的表面，一部分被反射，一部分被吸收，有 75% 以上进入大棚内。进入大棚内的热量，使棚内温度和土壤温度升高。夜晚大棚得不到太阳辐射，而由地面向棚内辐射，大棚薄膜能阻隔地面的长波辐射，使棚内保持一定的温度。部分热量被棚膜吸收传热散失，或逆辐射回到空中。

由于薄膜的厚度薄，白天增温快，夜间降温也快，昼夜温差大。棚内温度变化随着外界气温的变化而变化，有明显的季节温差。冬季和早春，棚内增温的幅度为 3~15℃。随外界气温升高，棚内和露地的温度差异逐渐加大，4 月份内外温差可达 6~20℃，当外界气温达 20℃时，棚内气温可达 30~40℃。此时，应把四周的棚膜揭起进行放风，否则极易造成高温危害。四周全部揭起棚膜后，棚内温度可比露地低 1~3℃。

大棚内气温又有明显的昼夜温差，变化比外界剧烈。晴天温度差异大，阴天温度差异小。晴天时，一般上午随日照的加强和外界气温的升高，棚内温度逐渐升高。日出后 1~2 小时，棚温迅速升高；10：00 升温最快；12：00~13：00 达最高温；下午随着日照的减弱，棚内温度开始下降；夜间气温下降缓慢，最低温出现在日出前。棚内的最低气温一般只比露地高 2~3℃。4~10 月夜间，会出现温度逆转现象，即棚内气温低于露地。

塑料大棚的增温效果与棚的大小有关。在一定的土地面积上，棚越高大，光照越弱，棚内升温越慢，棚温越低。这与大棚的保温比有关，保温比 = 大棚占地面积 / 大棚表面积。大棚的保温比值一般为 0.75~0.83，保温比值越大，保温性能越好；反之，保温性能差，夜间降温快，温差大，气温不稳定。可通过适当增大棚的跨度，或适当压缩棚的高度来提高棚的保温比。

塑料大棚的增温效果与塑料薄膜的种类有关。聚乙烯薄膜升温快，但散热也快。聚氯乙烯薄膜保温性较好，但吸尘性强。无滴防老化膜和 PE 复合多功能新型膜保温性好，透光率高，无水滴。

塑料大棚温度变化规律是：外界气温越高，棚温越高；外界温度越低，棚温也越低；季节温差明显，昼夜温差较大，晴天温差大于阴天；晴天增温快，阴天增温慢，降温也慢，变化较平稳。

大棚内土壤温度变化不如气温明显，地温与棚的大小有关。由于土壤具有辐射和传导的作用，所以覆盖面积越大，土壤保温性能越好，一般大棚的保温性能优于中、小棚。地温与季节和天气的变化有关，温度变化以白天及晴天变化较大，夜间及阴天比较平稳。

（2）光照

大棚的光照条件受到季节、天气状况、覆盖方式、方位、规模、膜的种类和使用情况等的影响，差异很大。

阳光透过薄膜后成为散射光。因此，大棚的垂直光照强度差度，在高处明显地大于低处，在近地面处最弱。自上至下，光照强度的垂直递减率为每米 1% 左右。

大棚内不同位置的水平照度基本相同。同一天的光照强度，南北延伸的大棚，上午东侧强西侧弱，下午西侧强东侧弱，南北两头相差不大。东西延伸的大棚照度，南侧为 50%，中部及北侧为 30%，东西两头相差不大。

不同的棚架材料及棚间距对棚受光条件有很大的影响。棚架材料越粗大，棚顶结构越复杂，遮阴面积就越大。同时，棚的跨度越大，棚架越高，棚内光照越弱。一般竹木结构大棚的透光率比钢架大棚少 10% 左右，钢架大棚的透光率又比露地少 28% 左右。

大棚透光率与薄膜有关。最好的薄膜透光率可达 90%，一般薄膜为 80%~85%，较差的仅 70% 左右。薄膜在使用过程中，受太阳紫外线照射及受高温、低温的影响，产生了老化现象，因而减弱了薄膜的透光性能。老化的程度因薄膜的成分和使用时间的长短、环境条件的不同而有差异。由于薄膜老化，可使透光率减少 20%~40%。又由于尘埃的污染或水滴的积聚，会大大降低透光率。一般情况下由于尘埃污染，透光率降低 15%~20%。地面蒸发、植物蒸腾使薄膜上凝聚大量的水滴，而水滴的漫反射作用，使透射在水滴上的太阳光约有 50% 被反射，可使透光率减少 20%~30%。因此，要防止灰尘污染和水滴的积聚，必要时要洗刷薄膜，这是增强棚内受光和提高地温的一项重要措施。

（3）湿度

由于薄膜不透气，水分难以散失。土壤蒸发水分和作物蒸腾，造成棚内湿度大，如果不进行通风，棚内相对湿度可达到 70% 以上，甚至可达到 100%。

棚内相对湿度的一般变化规律是：棚内温度越高，相对湿度越低；棚温降低，相对湿度升高。温度每升高 1℃，相对湿度下降 5% 左右。晴天、风天相对湿度减低，阴天、雨天相对湿度增高。白天湿度小，夜间湿度大，甚至达到饱和状态。因此，要注意适当地采用通风、中耕松土、控制浇水量和浇水次数等措施来调节空气湿度，或通过铺地膜、采用滴灌等方法降低棚内湿度。

（二）塑料大棚栽培技术

利用塑料大棚栽培辣椒，在广东地区可以安全越冬，也可度过夏季的高温。

1. 品种选择

大棚栽培辣椒要求品种抗寒、耐热、抗病、耐弱光、早熟、丰产，植株株幅小，株型紧凑，不易徒长，适宜密植。辣椒可选用辣优 4 号、汇丰 2 号、东方神剑等品种。

2. 育苗

大棚栽培是为了争取淡季上市供应，播种期可根据定植期确定。低温季节薄膜覆盖保护育苗苗龄一般为 35~50 天，高温季节露地育苗苗龄一般为 25~40 天。定植时要求幼苗健壮，已经现花蕾。

育苗最好采取营养杯或育苗盘育苗等方式。用营养杯或育苗盘育苗，定植时基本不伤根，定植后发根快，能加快植株生长和结果，可提早成熟。营养土要经过彻底消毒，减少秧苗携带病菌。营养土消毒可用多菌灵粉剂或福尔马林，具体方法与露地栽培育苗相同。

大棚育苗的浸种、催芽、播种及苗期管理也与露地栽培相同。

3. 定植

（1）定植前的准备

定植前要深翻土地，充分晒土，提高土温，结合翻土施入基肥。基肥量要充足，以充分腐熟的农家肥作基肥。由于大棚辣椒营养生长旺盛，产量高，需肥量更多。因此，施肥量也应适当增加，一般每亩施用农家肥 6 000~8 000 千克。同时，由于大棚内高湿弱光，植株易徒长，为了防止徒长和预防发病，要增施磷、钾肥，一般每亩施用过磷酸钙 40 千克、硫酸钾 15 千克。基肥在畦中间开沟施。

做畦要仔细、平整，根据棚的大小，一般 4~5 米的大棚，一个棚做 3~4 畦，畦宽 80~100 厘米。一般在定植前 5~7 天扣上棚膜。

（2）定植

定植宜在晴天下午进行。大棚内温度高，湿度大，容易引起徒长和落花落果，也容易发生病害，因此栽培密度不能太大。一般每畦种 2 行，株距 35~40 厘米，根据当地种植习惯单株或双株种植。单株种植可适当密些，一般亩植 2 500~3 500 株。定植后浇定根水，浇透苗坨周围即可。

4. 田间管理

（1）温度调节

辣椒定植后，低温季节 5~7 天内密封大棚，使棚温维持在 30℃左右，促进缓苗。如果定植后棚内温度高于 35℃，就要加强通风，使温度降至 30℃左右。缓苗后，即可开始通风。辣椒生长的适宜温度为 25~30℃。低于 15℃时，生长极其缓慢，授粉、受精不良，很容易造成落花、落果；温度降到 10℃以下时，不开花，造成花粉大量死亡，落花，果实难长大；温度升到 35℃以上时，花粉变态或不孕，因不能受精而落花。大棚内的温度可以通过通风来调节。温度过低时，密封通风口保温，使棚外的冷空气无法进入；温度过高时，可先打开两头的门进行通风，随着棚温的升高，打开两侧的薄膜进行放风，并逐渐加大通风强度。注意每天调换放风的位置，以保持棚内不同部位的温度和辣椒生长的均匀。当棚内温度降至适温下限时，要将放风口及门封好。当夜间外界最低温度不低于15℃时，昼夜都要通风。总之，尽可能使棚内温度长时间维持在各生育阶段的适宜范围内。通风适宜可使植株生长矮壮，节间短，坐果率高。

（2）湿度管理

辣椒生长的适宜空气相对湿度为50%~60%，土壤相对湿度为80%左右。大棚栽培辣椒最怕湿度过大，空气湿度过大易引起植株徒长，导致落花落果，并使病害发生严重。通风是降低湿度的主要措施，但通风又与保温相矛盾，因此，低温季节时要在晴天中午气温较高时通风，且时间不能过长，以免温度降低过大使植株受冷害。

生长前期植株小，水分蒸腾量也小，需水量少，一般采用小水点蔸的方法，既可满足幼苗生长的需要，也不会降低地温。缓苗后到门果采收前，中耕2次，并进行蹲苗，期间一般很少浇水。开始采收后，要保证水分的供应。水分过少会抑制辣椒的生长，使植株矮小，花果减少，影响产量；水分过多又易引起徒长，导致落花落果。因此，土壤湿度应控制在湿润状态。过于干旱可采用沟灌、急灌、急排。灌后加大通风，排出湿气。

（3）追肥

大棚辣椒定植后7~10天，已经缓苗时追肥1次，用腐熟的粪水或复合肥溶液淋蔸，促进发根。第1层果实采收时，再加强追肥，一般15天左右追肥1次。但棚内光线弱，植株易徒长，因此要控制氮肥的施用量，增施磷、钾肥。生产上，可用稀粪水与复合肥交替使用，施用量根据植株的生长情况而定。生长后期可适当增施氮肥，以尿素为主，每次亩施尿素15千克。

土壤追肥可与叶面追肥相结合,特别是在辣椒生长中后期,为防止早衰,可每隔7~10天叶面喷施1次复合肥或磷酸二氢钾,浓度为0.3%,温度高时浓度宜低。

(4)光照

大棚由于薄膜覆盖阻挡了一部分阳光,加上薄膜的老化、尘埃的污染,或水滴等的影响,透光性大大降低。为了改善光照条件,要保持膜面的清洁,经常洗刷薄膜,降低棚内湿度,减少水滴凝聚,提高透光率。

(5)中耕、培土、除草和整枝

大棚辣椒中耕、培土和除草与露地栽培基本相同。在第1果坐果后,植株自下而上会长出很多侧枝,严重影响辣椒的开花和坐果。因此,要及时将门果以下的侧枝连叶片全部摘除,以利于通风,减少病害的发生,同时疏剪过于细弱的枝条,以节省养分,利于透光。

另外,大棚辣椒生长旺盛,株型高大,结果多,枝条容易折断或植株容易倒伏。为了防止倒伏,可用绳进行吊枝或用竹竿水平搭架固定植株。

(6)保花保果

由于温度低、光照弱、湿度大,大棚辣椒常发生落花、落果、落叶现象,特别是一些不耐弱光的品种。为了提高大棚辣椒的坐果率,可用20~25毫克/千克的2,4-D抹花或30~50毫克/千克的防落素喷花,防止花柄离层的形成,诱导营养物质向子房运转,提高坐果率。一般在上午10:00以前进行抹花,10:00以后由于温度升高,浓度过高易产生药害。扣棚期间处理4~5次。

5. 越夏栽培

广东地区6月气温高,雨水多。此时,高温和强光条件对大棚辣椒的生长有抑制作用。生产上,通常采取保留大棚顶膜、去除裙膜的方法，这样既可防雨，又可减少部分阳光的照射，降低棚内的温度，有利于辣椒的生长。7月高温烈日下，可在大棚顶部覆盖遮阳网，以达到遮阴、降温、防雨和减少病虫害的目的。遮阳网遮光率为35%~65%，可使大棚气温下降4~6℃，5厘米深土温下降7℃以上。覆盖遮阳网的辣椒，不但能正常生长发育，延长采收期，还可减轻日灼病及病毒病的发生。9月天气凉爽，外界气温降至25~30℃时，揭去遮阳网。

六、辣椒间套种栽培

（一）间套种的作用

（1）有利于充分利用土地和气候资源

提高复种指数，增加生物总产量，并可争取农时，有利于作物多品种均衡供应。

（2）充分利用太阳光能

间套种是获得高产的一个重要途径。在株形上要选择高秆与矮生配合，叶的姿态上选直立与塌地的种类搭配栽培。熟性上要选择早熟、生长期短以及生长快的作物与晚熟、生长期长的作物搭配种植。利用根群分布深浅不同的作物间套种，可充分利用土壤中不同层次的养分，合理利用地力，增加生物总产量。

（3）不同作物根际分泌物不同

分泌物内含有糖类、有机酸、维生素型化合物以及生长激素等，作物间种时由于各自分泌物不同，能起互相促进或相互抑制的作用。

（4）间套种的作物组成

应当有主有次，发挥复合群体结构效益，主作物以高产稳产、生长期长的大宗菜为主，次要作物以生长期较短的小宗菜或淡季菜为主，保证主作物的产量，又增加了作物花色品种。主作物应适当加宽行距、缩小株距，以利于次要作物间套种。

（5）优化农业田间的小气候

减少病虫害对作物的为害，既节约成本又保护了环境。

（二）间套种栽培技术

1.品种选择

根据当地的情况，选择适合种植的两种或两种以上的作物进行间套种，在广东地区主要有辣椒—甘蔗套种、辣椒—香蕉套种、辣椒—苦瓜套种、辣椒—玉米间种等。辣椒的品种要选择耐阴性强、早熟、丰产的品种，如辣优 4 号、辣优 15 号等。

2. 播种期确定

根据各种作物的适宜生长期及土地的具体使用情况，确定间套种作物的播种期，使每种作物都能获得最大限度的收成。

3. 合理安排间套种辣椒的比例和结构

根据间套种作物的特征特性，合理安排作物间的比例和结构。辣椒与甘蔗套种的比例一般为 1∶2，辣椒与香蕉套种的比例一般为 2∶1，辣椒与玉米间种的比例一般为 10∶2，辣椒与苦瓜套种的比例一般为 2∶1。

4. 间套种田间管理

前期管理以辣椒为主，辣椒要选早熟品种种植。种植时需要选择深厚疏松肥沃的土壤，然后深耕土地结合增施有机肥。在辣椒坐果期、盛花期、盛果期要结合浇水追施速效复合肥；宜早采收，为了不影响后期间套种作物的生长，采收完毕后及时把辣椒植株清理干净。其他管理与"辣椒露地栽培"相同。

后期管理以间套种作物为主，及时供应足够的水分和肥料，才能维持间套种作物正常的生理和生态需求。

七、再生辣椒越冬栽培

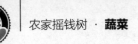

利用辣椒老株再生新枝叶第二次结果，比用种子育苗栽培辣椒开花结果早、省种、省工、抗病力强，管理好的亩产可达 2 000 千克以上，并可提早上市，卖价高，效益好。

（一）品种选择

选择再生能力强、根系发达、抗病性强的品种，如辣优 15 号、GL-5、GL-7 等。

（二）修剪时间

原则是要使修剪后新生枝条的结果期处于辣椒采收淡季的 3~4月。一般修剪后 5~7 天开始萌生新枝，2 周后形成许多新枝叶，冬季温度低，生长较慢，1~2 个月新枝可挂果。准备越冬的辣椒一般在 11 月中下旬剪枝。

（三）修剪程度

剪得过轻，难以刺激植株下部抽生新枝。剪得过重，则会萌生许多侧枝，营养分散，形成一定大小的健壮营养体需要较长的时间，开花结果延迟，结的果也小。较适宜的修剪是从植株的第一开花节位前后开剪，弱株重剪，壮株轻剪。

（四）修剪后的田间管理

1. 温度管理

当白天气温低于 18℃、夜里气温低于 10℃时，在畦边每隔 0.5米插 1 根拱架，可用宽 3 厘米、长 2~3 米的竹片或小指粗的小山竹，两头插入土中 20 厘米左右深，拱成半圆形，拱架上再覆盖塑料薄膜，四周用泥封严保温。温度超过 30℃以上，小拱棚两头要打开通风降温。气温下降要盖严薄膜，加强保温。

2．湿度管理

要经常浇水，保持土壤湿润。

3．追肥

修剪后要重追一次速效肥，亩施尿素 15 千克。开花结果后要加强肥水的供应，每亩埋施复合肥 30 千克，并需根据辣椒生长情况进行追肥。

4．中耕培土、整枝

修剪后进行一次深 7~8 厘米的中耕，促使植株发新根。幼芽萌发后，一般每株保留 2~3 个壮芽，抹去其他的芽。

八、辣椒主要病虫害及其防治

（一）主要病害及其防治

1. 猝倒病

（1）症状

猝倒病在种子发芽至出土前即可发生。种子萌发抽出的胚芽或子叶，在未出土时就被侵染而死亡，表现为烂种、烂芽。种子出土后主要为害茎基部未木质化的小苗，已木质化的苗一般很少受害。幼苗感染发病时，茎基部出现水渍状病斑，像开水烫过似的，很快向上发展，并变黄褐色，病部失水后幼苗缢缩，呈线状，茎表皮脱落。当空气湿度大时，病苗倒伏时子叶尚未凋萎，还可发现病苗及其周围的地面上长出白色的一层棉絮状菌丝。病情发展迅速，由点到片向四周扩展，成片的幼苗猝倒。

（2）发病条件

猝倒病是由鞭毛菌亚门腐霉菌属瓜果腐霉侵染所致的真菌性病害。主要以卵孢子在土壤中越冬，可较长时期存活。在湿润的条件下，病苗上产生大量的孢子和菌丝，借助雨水、灌溉、农具等传播再侵染，扩大为害。特别是在棚、室内育苗，苗床内较潮湿、不利通风，又遇到秋季晴天高温潮湿和春季低温寒冷天气时，发病很严重。而在苗床土壤通透性好、土表干爽、土壤温度15~20℃的条件下，幼苗生长健壮，抵抗能力强，很少发病。

（3）防治方法

①苗床应选择背风向阳、地势高燥、排水良好、土质疏松肥沃的地块。为防止病菌带入苗床，床土不能使用3~5年内种过茄科类作物的土壤，要经过充分的日晒，农家肥要经过充分的发酵腐熟。

②营养土必须经过长期堆制，最好用福尔马林密封消毒。或在床土使用前用40%五氯硝基苯消毒，每千克药拌细土50千克，撒施消毒20米²苗床，耙匀后隔3~4天再播种。

③播种时要适当稀播，子叶展开后及时间苗。同时，要加强管理，适时通风透光，降低苗床湿度，特别是在低温久雨的季节。适当增施磷、钾肥，以促进根系及茎秆的生长，提高抗病能力。发现病株要及时拔除，集中烧毁，并立即用石灰粉撒在病株四周，防止病害蔓延。

④发病初期，可用70%赛深可湿性粉剂600倍液、80%大生可湿性粉剂600倍液、75%百菌清可湿性粉剂600倍液、40%五氯硝基苯可湿性粉剂600倍液、72%普力克水剂600倍液、50%多菌灵可湿性粉剂600倍液、2.5%扑霉灵乳油1 000倍液或霜霉保贝可湿性粉剂800倍液等进行防治，交替施用，每隔7~10天1次，连用2~3次。

2. 立枯病

（1）症状

发病初期，苗茎基部产生椭圆形暗褐色病斑，病情发展较缓慢，随着病斑的扩展出现凹陷，在阳光下可表现萎蔫，晚间或阴天尚能恢复正常。当病斑绕茎一周时，茎基部缢缩，有的木质部暴露于外，整株逐渐枯死，但病株不倒伏，故称为"立枯"。湿度大时，病部常出现淡褐色蜘蛛网状物，但没有明显棉絮状霉层，这是与猝倒病相区别的重要特征。

（2）发病条件

立枯病是由半知菌亚门丝核菌属立枯丝核菌侵染所致的真菌性病害。主要以菌丝体或菌核在土壤或植株病残体中越冬，在土壤中可存活2~3年。病菌可通过雨水、灌溉、农具和未腐熟的农家肥等途径传播。当环境条件适宜时，病菌从伤口侵入或直接侵入幼苗，发病后，病菌通过上述途径再侵染，造成严重发病。当幼苗生长过密、老化衰弱、通风透光条件差时，易引发此病。

（3）防治方法

参照猝倒病防治方法。

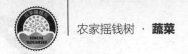

3. 疫病

（1）症状

整个生育期均可发病，茎、叶和果实各部位都可染病，以成株期现蕾挂果前后最易受害。幼苗期发病，幼苗茎部呈水渍状软腐，致使上部猝倒，病斑呈暗绿色，后形成梭形大斑。湿度大时，病部可长出白色稀疏霉层，幼苗整株枯萎而死。成株期根系发病，病斑呈褐色长形，长3~5厘米，可围茎一周，病斑交界明显，病斑稍凹陷或稍缢缩，后引起整株枯萎死亡。茎多在近地面及分叉处发病，初呈暗绿色水渍状病斑。湿度大时，病部可见白色稀疏霉层，然后发展到缢缩渐变为黑褐色，并引起病部以上茎叶枯萎死亡。叶片发病，病斑圆形或近圆形，直径2~3厘米，中央暗褐色，边缘黄绿色，水渍状。扩展后，叶片软腐。干燥时，病斑变为淡褐色。果实发病，多从果蒂部或果尖开始，呈暗绿色水渍状病斑软腐。湿度大时，病果表面密生白色霉状物。病果可脱落，也可失水干燥成暗绿色僵果挂在枝上。

（2）发病条件

该病是由鞭毛菌亚门辣椒疫霉引起的真菌性病害。以卵孢子、厚垣孢子在植株病残体、土壤或种子中越冬，可存活2~3年。条件适宜时，孢子萌发成游动孢子，借助风、雨水、农具等传播，侵入根茎部或近地面的叶片、果实引起发病。植株有伤口时有利于疫病病菌的侵入。辣椒疫病在田间表现出明显的发病中心，中心多出现在低洼积水、土壤黏重、排水不畅，或棚室内薄膜漏雨、雾滴滴落处。气温为27~30℃时，病害扩散最快，2~3天可发生1代，3~5天就可造成全田发病。因此，疫病是一种发病周期短、流行速度快的毁灭性病害。广东地区，一般在4月高温多雨、湿度大或雨后暴晴时，发病严重。

（3）防治方法

①选用抗病的优良品种。目前，很多科研单位针对辣椒逐年发病严重的状况，选育出一批较抗病的品种，如辣优 4 号、辣优 15 号、粤红 1 号、广椒 2 号、GL-7、GL-5 等。根据各地的种植习惯选用抗病品种，轮换种植。

②种子消毒。将预浸过的种子用 55℃ 的温水烫种 15 分钟，或用 1% 硫酸铜溶液浸种 5 分钟，或用 72% 普力克水剂 600 倍液浸种 15 分钟，洗干净后播种或催芽。

③实行轮作，同一块地 2~3 年内不种茄科蔬菜，最好与葱蒜类、豆类或瓜类等实行 3 年轮作，也可水旱轮作。

④采用深沟高畦，雨后及时排水，防止田间积水。推广地膜覆盖栽培，提高土温，促进定植后快缓苗。适时追肥，黏重土壤要多施有机肥，改良土壤的通透性和渗水能力。追肥要氮、磷、钾肥配合施用。经常进行田间检查，发现病株及时拔除，携出田外集中烧毁或深埋，不可弃于田中或水渠内。然后在病穴上撒上石灰粉消毒。

⑤以防为主，当空气和土壤湿度过大，连续阴雨绵绵，或发病的初期，在无雨的下午进行喷药防治。可用 80% 大生可湿性粉剂 600 倍液、70% 赛深可湿性粉剂 600 倍液、75% 瑞毒霉可湿性粉剂 600 倍液、75% 百菌清可湿性粉剂 600 倍液、0.3% 硫酸铜溶液、77% 可杀得可湿性粉剂 800 倍液、36% 露克星胶悬剂 600 倍液、70% 敌克松可湿性粉剂 600 倍液、50% 安克可湿性粉剂 1 000 倍液、霜霉保贝可湿性粉剂 800 倍液或 1：1：200 波尔多液等进行防治，交替使用，每隔 5~7 天 1 次，连续防治 2~3 次。

4. 青枯病

（1）症状

青枯病多发生于盛花期、始果期，苗期也能感染此病，但通常并不表现病状。发病初期，病株往往仅 1~2 个侧枝叶片萎蔫。病情发展下去，植株从顶部叶片开始萎蔫，最初早晚还可以恢复，条件合适时 2~3 天即可表现为全株萎蔫，植株枯死，叶片不脱落，仍保持青绿色，故称为青枯病。叶片从下向上变黄褪绿，后期叶片呈褐色焦枯。空气湿度大时，植株茎上常产生不定根和气生根。病茎剖面维管束变成褐色，横切新鲜病茎并用手挤压或保湿培养，可以见到维管束中有乳白色黏液溢出，这是与枯萎病的区别。

（2）发病条件

青枯病是由茄生假单胞细菌引起的细菌性病害。病菌主要随病残体或保护地及菜田四周的多年生杂草越冬和繁殖。在无寄主的土壤内，病菌也能存活相当长的时间，达 14 个月。病菌主要通过植株茎部的伤口侵入，在移植、松土等农事操作以及昆虫、线虫等伤害造成的根部伤口可引起土壤中的细菌侵入。病菌在土壤中主要靠雨水、灌溉、带病植株的移栽等造成田间扩散。大雨、久雨后转晴，气温迅速升高，湿度大或蒸腾量大，病菌活动旺盛，病株会明显增多。广东地区的气候高温、高湿、多雨，土壤呈酸性，有利于病菌的生长发育，所以发病较严重。

（3）防治方法

①选用抗青枯病的品种，如辣优 15 号、粤红 1 号、GL-5、GL-7 等。

②调整土壤的酸碱度。结合整地，撒施适量石灰粉，使土壤呈碱性，抑制病菌生长。每亩撒施石灰粉 50~100 千克。

③实行轮作，轻病田间隔 2~3 年，重病田间隔 4~5 年。与非茄科作物轮作，最好与水稻轮作，或与瓜类、豆类作物轮作。

④培育壮苗，营养土不能携带病菌。最好用营养杯育苗，移植后不伤根，可防止病菌入侵。

⑤选择地势较高、排灌方便的地。采取深沟高畦栽培，雨后及时排水，防止田间积水。增施磷、钾肥，促进维管束生长，增强抗病力。尽量少中耕或不中耕，减少伤根，当发现个别植株发病时，

立即停止中耕，防止病害蔓延。及时进行田间检查，发现病株应立即拔除、烧毁或深埋，并在穴上撒石灰粉消毒。

⑥目前，防治青枯病没有特效药，只能预防。植株发病后只能控制病害的蔓延。发病初期，可用72%农用链霉素2 000倍液、77%可杀得可湿性粉剂600倍液、60%百菌通600倍液或14%络氨铜水剂300倍液等灌根，交替使用，每隔10天1次，连续灌2~3次。

5. 病毒病

（1）症状

由于侵染辣椒的病毒种类较多，病害症状表现较复杂，常见的有以下4种类型：

①花叶型。初期叶脉呈现轻微褪绿，并出现浓淡相间的花叶斑纹，植株没有明显的矮化现象，不落叶，也无畸形叶片。严重时叶脉出现皱缩，导致叶面凹凸不平，生长缓慢，植株矮化，辣椒果实瘦小并出现深浅不同的纹斑，僵化，难以转红。

②黄化型。病株从嫩尖幼叶开始变黄，然后出现大量落叶、落花、落果。

③坏死型。病株部分组织坏死，表现为斑点、条斑、顶枯、坏死斑驳及环斑等，严重时可造成落叶、落花、落果，甚至整株枯死。

④畸形。病株变形，节间缩短、矮化，枝叶丛生，叶片增厚，变小或呈线状，病果黄绿相间，不平整，易脱落。

（2）发病条件

黄瓜花叶病寄主很广，主要在多年生杂草及保护地蔬菜上越冬，第2年由蚜虫传播。烟草花叶病毒在带毒的土壤中、病残体、种子及卷烟中越冬，主要通过播种、分苗、定植、整枝等由汁液接触传播。病毒病的发生与环境条件、栽培技术有密切的关系。高温、干旱、日照强度过强，有利于蚜虫的发生、繁殖，而对辣椒的生长不利，降低辣椒的抵抗能力，导致病毒病发生严重；氮肥用量过多，植株生长柔嫩，或地势低洼，土壤瘠薄、板结、黏重或春植辣椒定植过迟等的地块发病较严重；与茄科作物连作，发病严重。

（3）防治方法

①根据各地栽培习惯选用抗病品种，一般叶细长、果实为牛角形或羊角形的辣椒比叶大而阔、果实为灯笼形的甜椒抗病毒病强，耐热品种比耐寒品种抗病毒病强。较抗病的辣椒品种有辣优 4 号、辣优 15 号、粤红 1 号、广椒 2 号、GL-7、GL-5 等。

②用 10% 的磷酸三钠溶液浸泡 20 分钟，捞起种子后用清水冲洗干净，再催芽或播种，消灭种子上传播的病毒。或将充分干燥的种子置于 70℃的恒温箱内干热处理 3 天，进行种子消毒。

③适时早播，培育壮苗，实行 2 年以上轮作，田间多施用腐熟的有机肥。推广地膜覆盖栽培技术，适当提早定植，提高温度、湿度，促进辣椒早发、快发，增强抗病能力。采用先进技术，推广应用遮阳网，防止高温和烈日曝晒。或采用与玉米、豇豆、菜豆、瓜类等高秆作物间作，避免强光高温危害。

④及时防治蚜虫。

⑤发病前或发病初期，可用 20% 病毒 A 可湿性粉剂 500 倍液、50% 菌毒清水剂 300 倍液、新植霉素 2 000 倍液、1.5% 植病灵乳剂 1 000 倍液或 8% 宁南霉素 500 倍液等进行防治，交替使用，每隔 7~10 天 1 次，连续防治 3~4 次。

6. 炭疽病

（1）症状

炭疽病分为黑色、黑点和红色 3 种。

①黑色炭疽病。为害叶片及果实，特别是老叶及近成熟的果实。叶片受害时，发病初期病斑呈褪绿色水渍状斑点，逐渐变褐色圆斑，中间灰白色，轮生小黑点，造成大量落叶。果实受害时，初

期具水渍状褐色、长圆形或不规则形圆斑，中部呈灰褐色，有稍突起的同心轮纹。其上生有许多黑色小点，干燥时病斑可破裂。辣椒茎和果梗感病时，出现褐色病斑，稍凹陷，形状不规则。

②黑点炭疽病。主要为害成熟果实，病斑症状与黑色炭疽病相似，但颜色较深，病斑处的黑点较大。在湿度大的条件下，小黑点处能溢出黏质物。

③红色炭疽病。主要为害幼果与成熟果实，病斑与黑色炭疽病相似，但病斑中着生橙红色小点，略呈同心环状排列。在湿度较大的条件下，病斑表面溢出淡红色黏质物。

（2）发病条件

辣椒炭疽病分别由半知菌亚门的黑刺盘孢菌、辣椒丛刺盘孢菌和辣椒盘长孢菌3种真菌引起。以分生孢子附着在种子表面和以菌丝潜伏在种子内部和病株残体越冬，或以分生孢子盘在病株残体中越冬。当条件适宜时，分生孢子通过雨水、灌溉、昆虫、气流等传播。红色炭疽病病菌从辣椒表皮直接侵入，其他炭疽病多以芽管从植株伤口处侵入为害，发病后产生新的分生孢子进行再侵染。在广东地区4~5月经常阴雨绵绵，田间水分多，天气又较暖和，当种植密度大、不通风、湿度大时易发病。

（3）防治方法

①选用抗病品种，如辣优4号、辣优15号、粤红1号、广椒2号、GL-7、GL-5等。

②从无病田或无病植株上留种。并在播种前用55℃的温水烫种15分钟或用1%的硫酸铜溶液浸种5分钟，捞出种子后再用适量石灰粉或草木灰拌种，中和酸性。或用50%多菌灵可湿性粉剂500倍液浸种1小时，捞起用清水冲洗干净之后催芽或播种。

③实行轮作。深沟窄畦栽培，合理密植，及时排水，增施磷、钾肥，增强植株抗病性。发现病叶、病果及时清除，并集中烧毁或深埋。

④发病初期及时用 80% 大生可湿性粉剂 600 倍液、40% 信生可湿性粉剂 3 000 倍液、75% 百菌清可湿性粉剂 600 倍液、70% 甲基托布津可湿性粉剂 600 倍液、80% 炭疽福美可湿性粉剂 600 倍液、50% 多菌灵可湿性粉剂 600 倍液、40% 灭病威悬浮剂 600 倍液、2.5% 扑霉灵乳油 1 000 倍液、炭疽立克 1 200 倍液或 25% 咪鲜胺乳油 1 500 倍液等进行防治，交替使用，每隔 7~10 天 1 次，连续喷 2~3 次。

7. 软腐病

（1）症状

辣椒软腐病主要为害果实，特别是虫蛀果上发病率很高。果实发病，初为水渍状暗绿色，外观看果皮整齐完好，后期变褐色，果实内部腐烂发臭。失水后干缩，果皮变白色。茎叶发病后腐烂、发臭。

（2）发病条件

该病是由胡萝卜软腐欧化菌胡萝卜软腐致病型引起的。病菌可随病残体在土壤内越冬。病菌在适宜的环境条件下，通过田间灌溉和雨水飞溅，从植株伤口侵入，发病后又通过昆虫及风雨的再传播而扩大流行。病菌生育温度 2~40℃，最适温度 25~30℃，在阴雨绵绵、湿度大、排水不良的地块容易流行。

（3）防治方法

①实行与豆类蔬菜或水稻等轮作，避免与茄科或十字花科作物轮作。

②深翻土，合理密植，及时排水，通风透光，及时摘除病果出田外，并且深埋或烧毁。

③及时防治害虫。

④植株结果期雨前、雨后及时喷药防治，可用 72% 农用链霉素 2 000 倍液、新植霉素 2 000 倍液、77% 可杀得可湿性粉剂 600 倍液、60% 百菌通可湿性粉剂 600 倍液、30% 氧氯化铜胶悬剂 500 倍液或 47% 加瑞农 800 倍液等进行防治，交替使用，每隔 7~10 天

1 次，连用 2~3 次。

8. 枯萎病

（1）症状

发病初期，植株凋萎，下部叶片变黄褐色，萎蔫、干枯、脱落，近地表处的茎基部皮层呈水渍状。有时病害只在植株一侧发展，形成纵向条斑状坏死。地上部茎叶逐渐由下向上凋萎，全株枯死。根系呈水渍状软腐。剖开茎秆，可见木质部变褐色。湿度大时，病部常产生白色霉状物。

（2）发病条件

由辣椒镰孢霉侵染引起的病害。病菌主要以厚垣孢子在土壤中越冬，在适宜条件下，病菌从根部伤口或直接侵入，发病后再通过气流、雨水、灌溉等扩大传播，半个月后受害植株即可死亡。病菌生长适宜温度为 17~37℃，最适温度为 24~28℃，高温高湿、田间积水易发病。

（3）防治方法

①与豆类或水稻等作物实行轮作。

②选择地势较高、排灌方便的沙质土种植。深沟窄畦，适量施用石灰以中和土壤酸性，多施有机肥及磷、钾肥。及时清除病株，并在病穴及四周用石灰粉消毒。

③发病初期用 50% 多菌灵可湿性粉剂 600 倍液、50% 甲基托布津可湿性粉剂 600 倍液、50%DT 可湿性粉剂 400 倍液、14% 络氨铜水剂 300 倍液或 37% 枯萎立克可湿性粉剂 600 倍液等灌根，每穴 250 毫升，交替用药，每隔 7~10 天 1 次，连用 2~3 次。

9. 白粉病

（1）症状

白粉病主要为害叶片，新、老叶片均可发生，一般先从下部老

69

叶开始发病。发病初期，叶片正面出现褪绿小黄点，后扩展为边缘不清晰的淡黄色斑。病部背面产生薄层白粉状物，严重时整片叶背布满灰白色的粉状物，有时斑中央有坏死斑点，最后叶片变褐枯死、脱落。叶柄、茎和果实受害时，也产生白粉状霉斑。

（2）**发病条件**

由子囊菌亚门鞑靼内丝白粉菌侵染引起的病害。病菌主要以菌丝或孢子在病残体上越冬，或在田间宿根杂草上越冬。另外，病菌分生孢子在干燥条件下，离开残体也可存活几个月。当气候适宜时，病菌通过气流传播。空气湿度低于60%的稍干燥条件下，病菌才能流行。病菌发生的温度范围为10~35℃，最适温度为15~25℃，昼夜温差大时有利于白粉病的发生。

（3）**防治方法**

①选用抗病品种，如辣优4号、辣优15号、粤红1号、广椒2号、GL-7、GL-5等对白粉病有一定的抗性。

②选择地势较高、通风向阳、排灌方便的地块。保持适宜的空气湿度，防止土壤干旱和空气过度干燥。合理施肥，增强抗病性。合理密植，促进通风透光。彻底清除病残体和田间杂草。

③发病初期可用40%信生可湿性粉剂3 000倍液、25%粉锈宁可湿性粉剂1 000倍液、50%甲基托布津可湿性粉剂1 000倍液、40%灭病威悬浮剂600倍液、粉锈克可湿性粉剂1 000倍液、45%胶体硫胶悬剂600倍液、炭疽立克1 200倍液或盖克2 500倍液等进行防治，交替使用，每隔7~10天1次，连续喷2~3次。

10. 日灼病

（1）**症状**

主要发生在果实上。受害初期，向阳面褪绿变硬，呈灰白色或淡黄色。病部果失水变薄，呈革质，半透明，易破裂。后期湿度大的条件下，病部易被病菌或腐生菌感染，长出黑色、灰色、粉红色等杂色霉层，引起果实腐烂。

（2）发病条件

属生理性病害。由强烈阳光灼伤果实表皮细胞，引起水分代谢失调所致。当株冠小、果实裸露、天气燥热、烈日暴晒时发病严重。雨后忽晴、灌水不及等因素也易发病。

（3）防治方法

①露地栽培，适当密植，果实尽量少外露。

②栽培管理。提倡地膜覆盖栽培，有效地提高地温，促进植株根系的发育，以达到早封行的目的，并能保持土壤中水分的相对稳定。合理灌水，在盛果期应小水勤灌。

③与高秆作物间作或使用遮阳网，减少阳光直射，改变田间小气候，避免果实暴晒。

④及时防治病虫害。

（二）主要虫害及其防治

1. 小地老虎

（1）形态、习性及为害

小地老虎以幼虫为害。老熟幼虫体长 35~58 毫米，体色黄褐色到灰褐色。体表粗糙，多皱纹，布满圆形黑色小颗粒。背面中央有 2 条褐色纵带。臀板黄褐色，近中央有 2 条深褐色纵带。腹部 1~8 节背面各有 2 对毛片。幼虫老熟后入土化蛹。

小地老虎一年繁殖 4~6 代。在广东地区 3 龄以上的幼虫、蛹、成虫都可越冬。成虫对甜酸味和黑光灯趋性很强。3 龄前的幼虫大多在植株的心叶里，也有的藏在土表、土缝中，昼夜取食植物嫩叶。4~6 龄幼虫白天潜伏于浅土中，夜出活动为害，尤其在晚上 20：00~22：00 及天刚亮露水多时为害严重，常将幼苗近地面的茎基部咬断。

一条幼虫一夜可咬断 6~8 株苗，造成缺苗。小地老虎喜温暖潮湿条件，地势低洼、土壤黏重、杂草丛生的菜田受害严重。

（2）防治方法

①早春及时清除田间及周围杂草，春耕整地、冬翻晒土，消灭部分幼虫和虫卵。

②如果发生量少，一旦见小地老虎为害，早晨扒开断苗附近的表土，人工捕杀幼虫。

③灯光诱捕：每 50 亩菜地设置一盏黑光灯，灯下可再放几个糖醋钵诱杀。糖醋诱杀：将糖 6 份、醋 3 份、白酒 1 份、水 10 份、90% 敌百虫晶体 1 份调匀，晚上放于田间，钵高于植株 10 厘米，每亩 1 钵，早晨收回。

④用 90% 敌百虫晶体 50 克、杀虫单 50 毫升、48% 乐斯本 50 毫升溶解在 1 千克水中，然后均匀拌入 5 千克切碎的鲜菜叶中，于定植前 1~2 天傍晚撒于地里，每亩撒 15 千克左右，诱杀小地老虎幼虫有特效。

⑤在幼虫 3 龄前及时喷 90% 敌百虫晶体 1 000 倍液、95% 杀虫单可湿性粉剂 1 000 倍液、50% 辛硫磷乳油 1 000 倍液、12% 扫虫净 800 倍液或 20% 蛾蝇绝杀乳油 1 500 倍液等进行防治。虫龄较大时，可用 80% 敌敌畏乳剂 1 000 倍液灌根。

2. 烟青虫

（1）形态、习性及为害

烟青虫又叫烟夜蛾，是为害辣椒果实最严重的害虫，以幼虫为害。成熟幼虫体长 30~35 毫米，体色变化大，有淡绿、黄白、黑紫等色。2 根前胸侧毛的连线远离胸气门下端，而不是与前胸气门在一条直线上，体表小刺短而钝，圆锥形。

在广东地区，烟青虫一年发生 5~6 代，以蛹在土中越冬。成虫昼伏夜出，对黑光灯有较强趋性，对杨柳树枝也有趋性。1~2 龄幼虫蛀食花蕾和叶片。3龄幼虫食量增大，白天躲藏，仅夜间取食，喜蛀食辣椒果实。在近果柄处咬成孔洞，钻入果内食果肉和胎座，遗下粪便引起果实腐烂。有转果危害习性，1头幼虫可为害3~5个果，造成大量落果或烂果。幼虫有假死和自相残杀的习性。

（2）防治方法

①冬季翻耕灭蛹，减少越冬虫源。

②用黑光灯诱杀，用杨柳树枝把蘸500倍敌百虫液诱杀，每把7~8枝，每枝长约0.5米，枝梢朝下，略高于辣椒植株，挂在田间竹竿上，每亩10把，可诱杀大批成虫。

③在虫卵孵化高峰期，可用Bt乳剂500倍液或"8010"1 000倍液喷雾。虫卵多时，隔3天再喷1次。

④在初龄幼虫蛀果前，可用5%抑太保乳油1 000倍液、50%辛硫磷乳油1 000倍液、90%敌百虫晶体1 000倍液、48%乐斯本乳油1 000倍液、12%扫虫净乳油1 000倍液、1.8%害极灭乳油3 000倍液、52%农地乐1 500倍液、15%安打悬浮剂3 500倍液或5%锐劲特悬浮剂2 000倍液等进行防治，交替使用，在下午至傍晚进行喷雾。

3. 斜纹夜蛾

（1）形态、习性及为害

斜纹夜蛾是一种食性很杂的暴食性害虫，以幼虫为害。成熟幼虫体长35~47毫米，体色变化大。腹部各节背面均有1对似半月形或三角形的黑斑，以第1、第7、第8节的黑斑最大。气门椭圆形，黑色。气门下线由污黄色或灰白斑点组成。

斜纹夜蛾一年发生多代，世代重叠。在广东地区，全年都可繁殖，冬季可见各种虫态，无越冬休眠现象。幼虫共6龄，有假死性。2龄前群集在卵块附近取食叶肉，被害叶筛孔状，并有吐丝随风飘散的习性。3龄开始分散。4龄开始进入暴食期，白天潜伏，夜间为害。成虫昼伏夜出，有趋光性，对甜、酸物也有趋性。卵成块产于叶背，当平均温度为 24~25℃时，卵期 5~6 天。

（2）防治方法

①消除杂草，秋翻或冬耕消灭部分越冬蛹，摘除卵块及带有群集的低龄幼虫的叶片。在清晨人工捕杀老龄幼虫。

②在成虫期，用黑光灯或糖醋钵诱杀成虫，方法与诱杀小地老虎相同。

③ 1~2 龄幼虫分散前为最佳施药期，可用 6% 艾绿士悬浮剂 750~1 000 倍液、5% 卡死克乳油 1 000 倍液、5% 抑太保乳油 1 000 倍液、80% 敌敌畏乳剂 1 000 倍液、48% 乐斯本乳油 1 000 倍液喷雾、米满胶悬剂 1 500 倍液、52% 农地乐 1 500 倍液、50% 辛硫磷乳油 1 000 倍液、12% 扫虫净乳油 1 000 倍液、15% 安打悬浮剂 3 500 倍液、20% 蛾蝇绝杀乳油 1 500 倍液、5% 锐劲特悬浮剂 2 000 倍液、15% 茚虫威悬浮剂 3 500 倍液或 10% 溴虫腈悬浮剂 1 500 倍液等进行防治，交替使用。

4. 蚜虫

（1）形态、习性及为害

蚜虫虫体很小，柔软，触角长。腹部上有一对圆柱突起，叫腹管，腹部末端有一个突起的尾片。蚜虫分有翅蚜和无翅蚜，有翅蚜可以迁飞，无翅蚜只能爬动。

蚜虫繁殖力很强，发育快，广东地区一年可繁殖 30~40 代，温暖干燥有利于蚜虫繁殖。蚜虫以成虫和若虫群居于叶背、花梗或嫩茎上，吸食辣椒汁液，分泌蜜露。被害叶片变黄、卷缩，嫩茎、花梗被害呈弯曲畸形，影响开花结实，植株生长受到抑制，甚至枯萎死亡。蚜虫还可传播多种病毒病，加重病毒病发生。蚜虫对黄色、橙色有很强的趋性，而对银灰色有负趋性。

（2）防治方法

①清除田间及其附近的杂草，减少虫源。

②采用银灰色薄膜覆盖栽培。利用蚜虫对银灰色有负趋性的特点，达到避蚜防病的目的。

③利用蚜虫对黄色有趋性的特点，在田间设置黄色诱虫板，诱杀有翅蚜。黄色板规格为 1 米 ×0.2 米，黄色部分涂上机油，插于辣椒行间，高出植株 60 厘米，每亩放 30 块。

④在初发阶段，用 10% 高效大功臣可湿性粉剂 1 000 倍液、50% 抗蚜威可湿性粉剂 1 000 倍液、10% 多来宝乳油 1 000 倍液、10% 虫螨灵乳油 3 000 倍液、52% 农地乐乳油 1 500 倍液、48% 乐斯本乳油 1 000 倍液、12% 扫虫净乳油 1 000 倍液或 10% 蓟蚜保贝可湿性粉剂 2 000 倍液等进行防治，交替使用，每隔 7~10 天 1 次，连续 2~3 次。

5. 茶黄螨

（1）形态、习性及为害

茶黄螨虫体很小，肉眼很难看清。成螨虫体椭圆形，浅黄色至橙黄色，半透明，有光泽，体长 0.2 毫米，有 4 对足，腹面后足有 4 对刚毛。幼螨更小，淡绿色，体背有一白色纵带，有 3 对足，腹末端有 1 对刚毛。

茶黄螨最适生长繁殖温度为 16~23℃，相对湿度为 80%~90%，在广东地区一年发生 25~30 代。以幼螨和成螨集居于辣椒的幼嫩部位刺吸汁液，以致嫩叶、嫩茎、花蕾和幼果不能正常生长。受害部均变黄褐色，叶片增厚僵硬，叶背呈油渍状，叶缘向下卷曲、皱缩。嫩茎受害扭曲、畸形，植株矮小丛生，以致干枯秃顶和落花落果。果实受害生长停滞变硬，失去商品价值。

（2）防治方法

①结合中耕除草，清除田间杂草。冬季前拔除栽培地周围的杂草，并烧掉。

②平均每叶有虫、卵达 2~3 头（粒），田间卷叶率达 0.5%~1% 时为防治适期，集中在植株幼嫩部位的背面处喷药。可用 73% 克螨特乳油 1 000 倍液、20% 螨克乳油 1 000 倍液、5% 卡死克乳油 1 000 倍液、45% 石硫合剂结晶 600 倍液、60% 三氯杀螨醇乳油 1 000 倍液、1.8% 害极灭乳油 4 000 倍液、52% 农地乐 1 500 倍液、农博乐 1 000 倍液或 25% 三唑锡可湿性粉剂 2 500 倍液等进行防治，交替使用，每隔 7~10 天 1 次，连用 2~3 次。

6. 蓟马

（1）形态、习性及为害

蓟马成虫虫体很小，长条形，体长 1.2~1.4 毫米，淡褐色。若虫与成虫相似，但无翅。广东地区一般一年发生 10 多代，多以成虫或若虫在表土或枯枝落叶间越冬。温暖干旱的天气有利于虫害发生。

蓟马成虫具有喜嫩绿、向上的习性，能飞善跳，畏强光。白天多隐蔽在叶背、生长点或花中，以成虫和若虫锉吸心叶、嫩芽、花和幼果的汁液。被害辣椒植株心叶不舒展，生长点萎缩，嫩叶扭曲，花器脱落。幼果受害后变畸形，表皮锈褐色，严重时引起落果，并能传播辣椒病毒病，影响植株生长，降低产量和品质。

（2）防治方法

①清除田间杂草，减少虫源。加强水肥管理，使植株生长健壮。

②当每株虫量为 3~5 头时，应喷药防治。可用 6% 艾绿士悬浮剂 1 500~2 000 倍液、80% 敌敌畏乳剂 1 000 倍液、40% 七星宝乳油 600 倍液、5% 高效大功臣可湿性粉剂 1 000 倍液、20% 好年冬乳油 800 倍液、12% 扫虫净乳油 1 000 倍液、10% 蓟蚜保贝可湿性粉剂 2 000 倍液、5% 啶虫脒微乳剂 1 500 倍液、农博乐 1 000 倍液或 25% 吡蚜酮可湿性粉剂 2 500 倍液等进行防治，交替使用，每隔

7~10 天 1 次，连用 2~3 次。

7. 红蜘蛛

（1）形态、习性及为害

红蜘蛛成虫虫体很小，体色多为红色或锈红色。幼虫更小，近圆形，色泽透明，取食后体色变暗绿。幼虫蜕皮后为若虫，体椭圆形。红蜘蛛一年发生 15~20 代，在干旱、高温年份容易大发生，一般在 25℃以上才发生。

通常是从植株中部开始为害。红蜘蛛的幼虫、若虫、成虫均群集在叶背面吸取汁液，然后逐渐向上扩展。受害叶先形成白色小斑点，后褪变为黄白色，严重时变锈褐色，造成叶片脱落和植株枯死。果实受害则果皮变粗，并形成针孔状褐色斑点，影响果实品质。

（2）防治方法

①及时清除田间杂草，减少虫源。

②可选用 20% 好年冬乳油 1 000 倍液、72% 克螨特乳油 1 000 倍液、20% 螨克乳油 1 000 倍液、5% 卡死克乳油 1 000 倍液、1.8% 害极灭乳油 3 500 倍液或来扫利 2 500 倍液等进行防治，交替使用，每隔 7~10 天喷 1 次，连用 2~3 次。

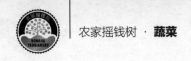
致　谢

　　出版《农家摇钱树·蔬菜》丛书的目的是指导蔬菜基层技术人员及生产者进行蔬菜无公害生产，涉及病虫害防治及用药技术部分由黄文东推广研究员负责审读及把关，特此表示谢意。